DIE GRÜNE SCHATZ KAMMER

Mit Beiträgen von: Christian Berg, Stephanie Socher und Michael Kiehn;
Michael Knaack; Nils Köster; H. Walter Lack; Heimo Rainer und Andreas Berger;
Oliver Rathkolb; David Stuart; Clemens Alexander Wimmer

Herausgegeben von HBLFA für Gartenbau und Österreichische Bundesgärten

CLAUDIA GRÖSCHEL

DIE GRÜNE SCHATZ KAMMER

SAMMELLEIDENSCHAFT, FORSCHERGEIST, ARTENSCHUTZ

Die Geschichte der Pflanzenkultur in den kaiserlichen Gärten Wiens

Brandstätter

Augarten → 86

Belvedere → 32

Schönbrunn Palmenhaus → 146

Burggarten Palmenhaus → 170

III Die Pflanzenarche 180

Schönbrunn Pflanzensammlung → 198

GARTENMAUER

Prolog

Dieses Buch handelt von Pflanzen und von Menschen. Aus der großen Menge an Menschen, die in den kaiserlichen Hofgärten wirken und gewirkt haben, stechen einzelne Persönlichkeiten hervor, deren Namen uns bekannt sind. Anhand ihrer Tätigkeit wird die Geschichte der Grünen Schatzkammer erzählt. Demgegenüber steht eine viel größere Zahl weitestgehend unbekannter Gärtner, Gehilfen und Tagelöhner, die jahrhundertelang tagein, tagaus die kaiserlichen Botanischen Sammlungen in Zeiten großer Unterstützung, aber auch in Zeiten von Bedrohung und Mangel gepflegt und jenen unvergleichlichen Schatz erhalten haben. In dieser langen Tradition arbeiten bis heute die Gärtnerinnen und Gärtner der Österreichischen Bundesgärten. Ihnen sei dieses Buch gewidmet → **Abb. 1**.

Abb. 1 Ludwig Baumann: Entwürfe für die Stützmauer vor dem Glashaus im Hofburggarten, um 1902, Haus-, Hof- und Staatsarchiv, Wien

EINS

PFLANZEN SIND

Im Jahre 1569 ließ Kaiser Maximilian II. (reg. 1564–1576) die Mühle Katterburg und das umliegende Gelände westlich der Residenzstadt Wien ankaufen. Noch ahnte niemand, was hier einmal entstehen würde → Abb. 2. Heute besuchen jährlich mehrere Millionen Menschen die Anlage Schönbrunn. Die beeindruckende Architektur und Ausstattung des sukzessive um- und ausgebauten Schlosses und der 160 Hektar große Schlosspark ziehen viele Besucherinnen und Besucher an. Aber es gibt noch mehr zu entdecken: In den Glashäusern des Schlossparks wird eine beeindruckende botanische Sammlung gepflegt, die mittlerweile 150.000 Pflanzen in 17.000 Arten und Sorten umfasst.

Der Kaiser hatte große Pläne, nicht nur im Westen der Stadt. Denn im selben Jahr, 1569, begannen auch Bauarbeiten südlich von Wien, in der Gemeinde Simmering, auf einer Terrasse über dem Donautal. Hier plante Maximilian II. mit Schloss Neugebäude eines der größten Bauprojekte der frühen Neuzeit, das aufgrund des Todes dieses Herrschers jedoch nie abgeschlossen wurde. Die heutige Ruine Neugebäude lässt kaum Rückschlüsse darauf zu, als was die gewaltige Anlage eigentlich errichtet wurde. Welchem Zweck sollte dieser Bau dienen? Denn im nur etwa zwei Kilometer entfernten Kaiserebersdorf besaß Maximilian II. bereits ein Jagd- und Lustschloss, in dessen Ausbau der Kaiser größere Summen investiert hatte, und ein weiteres Lustschloss in unmittelbarer Entfernung wurde selbst vom Kaiserhof nicht benötigt.

Abb. 2 Kaiser Maximilian II., um 1566, Werkstatt Nicolas Neufchâtel, KHM-Museumsverband

Die Planung von Schloss Neugebäude geht zurück auf den kaiserlichen Antiquar Jacopo Strada (1507–1588) → Abb. 3. Ferdinand I. (reg. 1558–1564), der Vater Maximilians II., hatte den italienischen Goldschmied, Zeichner und Baumeister bereits 1558 an seinen Hof geholt. Strada beriet ihn bei Bautätigkeiten, war für ihn als Kunstagent tätig, besaß selbst eine umfangreiche Kunstsammlung und betreute wohl die kaiserlichen Sammlungen. 1564 erfolgte seine Ernennung zum Hofantiquar.[2]

KUNSTGEGENSTÄNDE

»Unter allen weltlichen Wissenschaften ist keine so lieblich/keine den Menschen so vergnügend/ und die Begierde dazu ihm gleichsam angebohren/ als die Wissenschaft von Dingen der Natur.«[1]

Johann Daniel Major, 1674

Abb. 3 Tizian: Jacopo Strada, um 1567/68, KHM-Museumsverband

Die kaiserlichen Kunst- und Wunderkammern

Wie eine Reihe seiner Zeitgenossen besaß Kaiser Ferdinand I. eine Kunstkammer.[3] Anders als in unseren modernen Museen wurden Kunstwerke, Naturalien, Exotica, Kuriositäten und technische Instrumente nicht voneinander getrennt präsentiert, sondern in einem Raum versammelt – eine Schatzkammer des Wissens, die die Vielfalt der Welt dokumentierte → **Abb. 4**.

Der sich gleichermaßen für Wissenschaft, Kunst und Architektur begeisternde Maximilian II. führte die Sammlungen seines Vaters fort. Auffallend ist das große Interesse des Kaisers an Gartenkunst und Pflanzenkultur. Er ließ sich von seinen venezianischen und römischen Gesandten Zeichnungen italienischer Villen und ihrer Gärten sowie Modelle von Gartengebäuden und Brunnen schicken, beauftragte sie mit dem Erwerb antiker Kunstwerke zur Präsentation in den Gärten, forderte Veredelungsreiser und Samen an.[4] Die Unterbringung der Kunstsammlungen sollte in den langgestreckten Galerien des Neugebäudes erfolgen, im Zentrum einer prachtvollen Gartenanlage → **Abb. 5**.[5]

Abb. 4 Peter Paul Rubens und Jan Brueghel d. Ä.: Der Sehsinn, 1617, Museo Nacional del Prado, Madrid

Maximilian II. hatte während seiner Jugendjahre am spanischen Hof seines Onkels, Kaiser Karls V. (reg. 1520–1556), maurische Gärten und mediterrane Pflanzen kennengelernt. Einzelne subtropische Pflanzen befanden sich bereits an den Höfen der Habsburger in Prag und Wien. So können Pomeranzen (*Citrus × aurantium*) an der Prager Burg erstmals 1538, an der Hofburg in Wien 1542 nachgewiesen werden.[6] Auch von der Kultivierung von Feigen, Granatäpfeln, Rosmarin und anderen Pflanzen des Mittelmeerraumes kann ausgegangen werden. Wo diese nicht frostharten Pflanzen überwintert wurden, ist nicht bekannt.

Abb. 5 Matthäus Merian: Schloss Neugebäude, 1649, Österreichische Nationalbibliothek, Wien

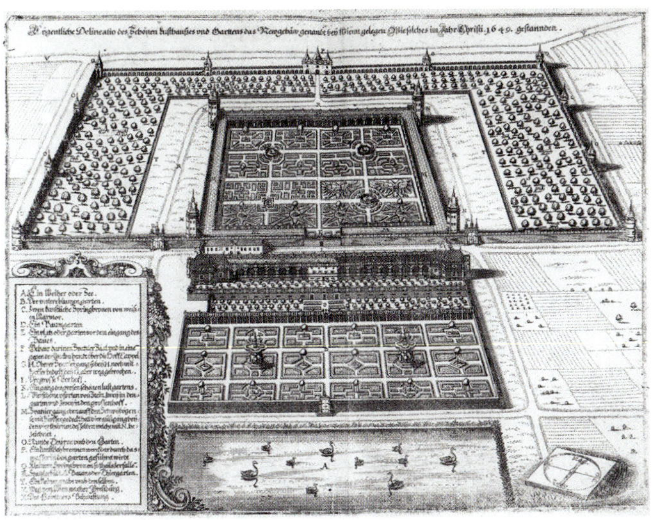

Die goldenen Äpfel des Kaisers

Abb. 6 Gehörnte Bitterorange (Bigarrade cornu) – *Citrus × aurantium* 'Corniculata', aus: Duhamel du Monceau: Traité des Arbres Fruitiers, Paris 1835, Österreichische Bundesgärten, Wien

Die kostbaren Früchte von Pomeranzen und Zitronen wurden bereits seit dem Mittelalter auf Handelsstraßen von sogenannten Limonihändlern aus Italien über die Alpen gebracht.[7] Sie wurden in Hofapotheken zu Medizin verarbeitet, in den Hofküchen zur Zubereitung diverser Speisen verwendet und für kultische Zwecke genutzt, wie zum Beispiel als Etrog-Zitrone beim jüdischen Laubhüttenfest.[8]

In italienischen Gärten sind Sammlungen von Zitruspflanzen seit der Mitte des 15. Jahrhunderts bekannt → **Abb. 6–8**. Adelige und wohlhabende Bürger sammelten die Pflanzen wegen ihrer besonderen Eigenschaften, aber auch wegen ihrer sagenumwobenen Herkunft: Erdmutter Gaia hatte Zeus und Hera anlässlich ihrer Hochzeit einen Baum mit goldenen Äpfeln geschenkt. Dieser wurde in einem Garten am westlichen Rand der Welt von den Hesperiden gehütet und von der mehrköpfigen Schlange Ladon bewacht. Als Herakles, unehelicher Sohn des Göttervaters Zeus und der irdischen Alkmene, im Auftrag von Eurystheus, König von Mykene, zwölf zunehmend schwieriger zu erfüllende Aufgaben zu bewältigen hatte, war die vorletzte der Raub der goldenen Äpfel. Herakles erfüllte auch diese Aufgabe trotz zahlreicher Hindernisse, und Eurystheus ließ die Früchte wieder in den Garten zurückbringen, da kein Sterblicher dieses kostbare Gut besitzen durfte.[9]

Um 1500 wurde der Mythos um den Raub der goldenen Äpfel durch Herakles erstmals mit einer in Italien existierenden Zitrussammlung in Verbindung gebracht.[10] Die Hesperiden Arethusa, Aegle und Hesperethusa waren nun diejenigen, die die Pflanzen und ihre Früchte vermeintlich nach Italien gebracht hatten und hier in den Gärten hegten.

↑ Abb. 7 Bergamotte (*Citrus × bergamia*), aus: Henry Charles Andrews: The Botanist's Repository, Bd. 9, London 1809, Österreichische Bundesgärten, Wien

← Abb. 8 Pampelmuse (Pempelmeuse ordinaire) – *Citrus maxima*, aus: Duhamel du Monceau: Traité des Arbres Fruitiers, Paris 1835, Österreichische Bundesgärten, Wien

Der ebenso tapfere wie tugendhafte Halbgott Herakles wurde immer mehr zu einer Identifikationsfigur für europäische Herrscher.

Überall in Europa entstand der Wunsch, die sagenumwobenen Zitrusfrüchte zu besitzen. Schönheit, Seltenheit, außerordentlicher Wert, die schwierige Kultivierung sowie ihre scheinbare Herkunft aus dem Hesperiden-Garten ließ sie zu einem vielbegehrten Statussymbol werden.

Die nicht frostharten Pflanzen wurden zunächst in Kellerräumen, Galerien und anderen wenig geeigneten Orten überwintert. Vermutlich war der aus Spanien stammende, über die Prager an die Wiener Hofburg gekommene Gärtner Michael de Amada für die Kultivierung der Pomeranzen zuständig.[11] Die habsburgischen Gärtner mussten erst Erfahrungen im Umgang mit den fremden Pflanzen sammeln. Schließlich wurden die Pomeranzen, wie an anderen Orten auch, im Garten an der Wiener Hofburg ausgepflanzt und im Herbst mit einem Holzschuppen überbaut, der mit einfachen Öfen beheizbar war und im Frühjahr wieder abgetragen wurde. So schmückte wie in Süditalien ein Zitrushain den Garten und man konnte im Winter, wenn die Natur scheinbar tot unter einer dicken Schneedecke lag, zwischen den blühenden und fruchtenden Zitrusbäumen lustwandeln.

Schon nach kurzer Zeit müssen die Gärtner die Kultivierung der Bäume beherrscht haben, denn bereits 1575 schenkte Kaiser Maximilian II. anlässlich eines Besuches in Dresden Kurfürst August von Sachsen vier Früchte tragende Pomeranzenbäumchen. In einem Dankesschreiben brachte der Kurfürst zum Ausdruck, wie wertvoll ihm dieses Geschenk war.[12]

Die Gärtner sammelten immer mehr Erfahrung, die Überwinterungsmöglichkeiten wurden perfektioniert. In Wien wurden bald nicht nur an der Hofburg, sondern nachweisbar ab 1647 auch in Schönbrunn Zitruspflanzen kultiviert.[13] Eleonora Gonzaga, die zweite Frau Kaiser Ferdinands II., nutzte Schönbrunn nach dessen Tod als Witwensitz und ließ hier die Pflanzen kultivieren, die sie aus ihrer Heimat Mantua kannte. → Abb. 9 Wo diese nicht frostfesten Pflanzen überwinterten, ist nicht bekannt. Erst mit der Einrichtung des Holländischen Gartens an der westlichen Grenze von Schönbrunn im Jahr 1753 und dem Bau der dortigen Glashäuser sowie der Errichtung des Orangeriegebäudes im Osten des Parkes um 1754 ist die Überwinterung nachvollziehbar.

Anfang des 19. Jahrhunderts war die Sammlung bereits so angewachsen, dass das Orangeriegebäude trotz seiner Länge von 189 Metern zu klein geworden war. → Abb. 10 Im Jahr 1808 gab

Abb. 9 Johann Georg Hätzl: Die Kays. Orangerie in Schönbrunn, um 1712/20, Albertina, Wien

Abb. 10 Orangerieparterre und Orangeriegebäude, um 1820, Foto: Wien Museum

es 1.537 Orangenbäume in der Schönbrunner Sammlung, und Hofgartendirektor Franz Boos machte sich Sorgen um den Zitrusbestand. Er klagte, dass die Früchte vor der Reife abfielen, die Bäume einen verkrüppelten Wuchs hatten und zum Teil ganze Äste abstarben. Laut Boos fehlte dem Orangeriegebäude für die Kultivierung der dicht gedrängten Zitrusbäume Licht. Um Abhilfe zu schaffen, wurden 300 Bäume verkauft. Boos reiste nach Preßburg (Bratislava), um sich über die Orangeriekultur im dortigen Primatialgarten zu informieren; außerdem wollte er versuchen, durch Tausch Sorten zu erhalten, die in Schönbrunn nicht vorhanden waren. Gegenüber der Großen Orangerie, südlich der Meidlinger Allee, lag die sogenannte Kleine Orangerie. Hier befand sich das Pisanghaus für die Überwinterung von Bananen (*pisang* ist das malaiische Wort für Banane). Doch die kaiserliche Familie hatte wenig Interesse an Bananen, und so wurde diese Winterung im Sommer 1808 zu einem weiteren Orangenhaus umgebaut.[14] Im Sommer waren die Zitrusbäume im Parterre vor der Kleinen Orangerie aufgestellt. → Abb. 11

Im Dezember 1827 plante schließlich der neue Hofgartendirektor Franz Bredemayer die Umgestaltung des Parterres vor dem großen Orangeriegebäude. Die reparaturbedürftigen Obstspaliere wurden ebenso wie die Mistbeetkästen für die Gemüsetreiberei abgetragen. Die Beete wurden nun mit Rasen eingesät, ein Teil der Zitrusbäume in der Mitte dieser Beete, die restlichen Bäume entlang der Wege aufgestellt. Bredemayer erhoffte sich durch die Auflösung des Küchengartens vor dem Orangeriegebäude ein würdigeres Aussehen des gesamten Gartenbereiches und eine Erholung der Zitrusbäume.[15] Schnell stellte sich jedoch heraus, dass der Orangeriegarten aufgrund der starken Westwinde

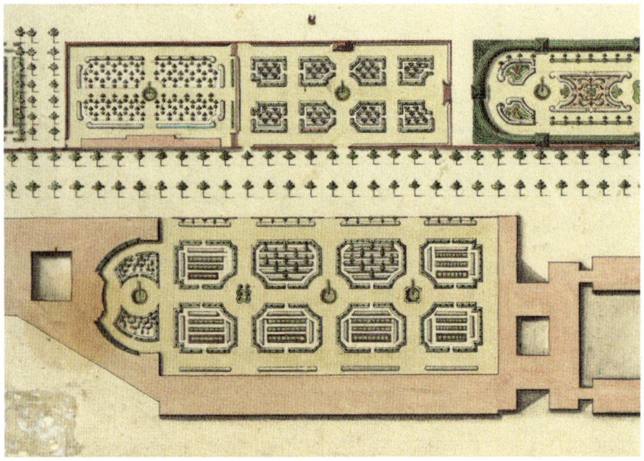

↑ Abb. 12 Orangeriegebäude, Cedrathaus und Orangerieparterre mit Beeten sowie die Aufstellung der Orangeriepflanzen vor der Kleinen Orangerie, Ausschnitt aus Abb. 11

↓ Abb. 11 Plan des Schlossgartens Schönbrunn, um 1770, Bayerische Verwaltung der staatlichen Schlösser, Gärten und Seen, München

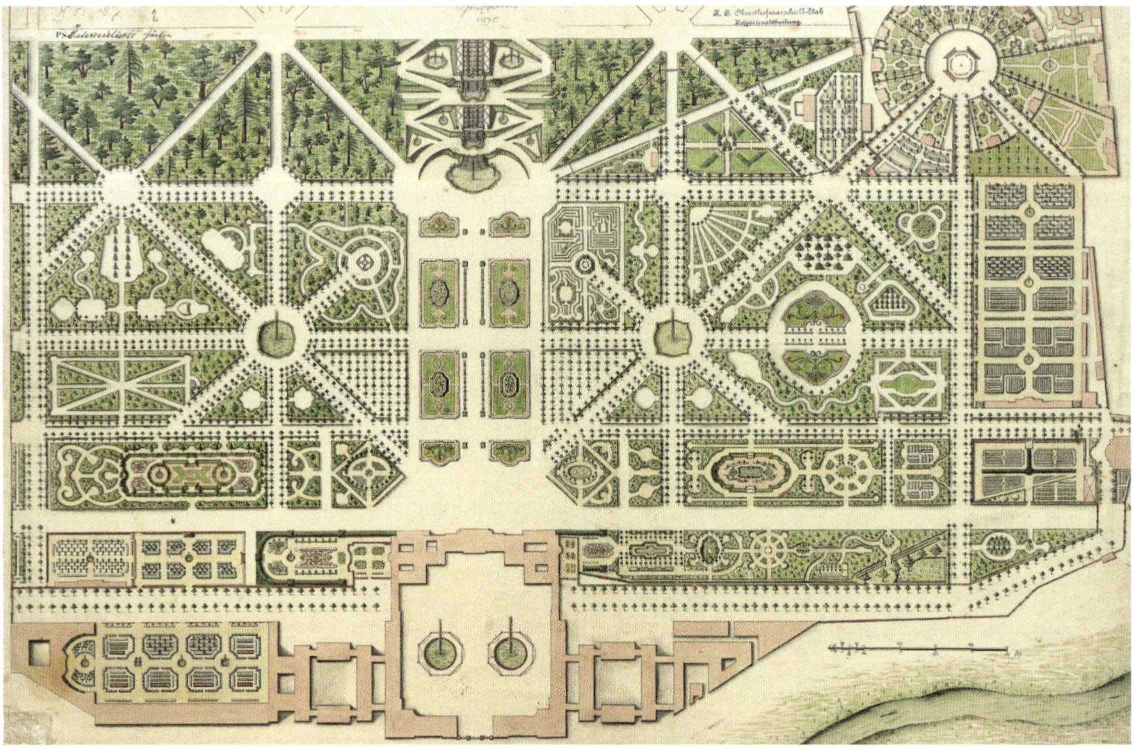

ein denkbar ungeeigneter Platz für die Zitrusbäume ist. Immer wieder wurden ihre Kronen durch den starken Wind beschädigt. Auch wurde scheinbar die Pflege vernachlässigt. Die Einquartierung von Soldaten im Revolutionswinter 1848/49 zog weitere Schäden nach sich – die Zitrusbäume mussten sich nun mit den Soldaten das Orangeriegebäude teilen. Laut Aussagen der Hofgärtner fügten die Soldaten den Bäumen Beschädigungen verschiedenster Art zu, sodass die Offiziere Wachtposten aufstellten, um diese »Unfüge« zu unterbinden.[16] Über viele Jahre wurden Verbesserungsmaßnahmen nur halbherzig verfolgt, bis im Herbst 1864 der auswärtige Orangeriespezialist Adolf Vetter, Hofgartendirektor der Grafen Harrach in Bruck an der Leitha, hinzugezogen wurde. Er unterbreitete der eingesetzten Kommission umfangreiche Vorschläge für die Rettung des Schönbrunner Zitrusbestandes. Neben der Verbesserung der Kultivierungsmethode forderte er die Errichtung eines Pflanzenspitals im Orangeriegarten, in dem die kränkelnden Bäume in den freien Grund ausgepflanzt werden sollten. Alle Vorschläge wurden umgesetzt und eine 60 Meter lange Holzkonstruktion mit gläsernem Dach errichtet. Darüber hinaus wurde Vetter beauftragt, nach Sizilien zu reisen und dort neue Zitruspflanzen zu erwerben. Im Dezember 1864 fuhr er nach Palermo, kaufte 220 Exemplare, die umgehend mit einem Dampfschiff nach Triest und von dort, sobald der Frost im Jänner 1865 etwas nachgelassen hatte, gut verpackt in Eisenbahnwaggons nach Wien transportiert wurden. Bis 1866 kaufte Vetter weitere 75 Orangenbäume aus verschiedenen Schlossgärten in Österreich an. 1874 wurde das mittlerweile baufällige Orangeriespital abgerissen, zudem hatten sich die Pflanzen erholt.[17] Im Jahr zuvor war ein Teil der genesenen Bäume bei der Wiener Weltausstellung präsentiert worden.[18]

Zu einem erneuten Niedergang des Zitrusbestandes kam es mit dem Ende der Habsburgermonarchie und den folgenden Krisenzeiten. Erst seit den 1990er Jahren wird die Sammlung wieder gezielt aufgebaut. Heute umfasst sie über 500 Bäume in etwa 100 verschiedenen Sorten. Sie gehört damit zu den umfangreichsten Zitrussammlungen nördlich der Alpen und zu den wenigen mit einer seit der Mitte des 17. Jahrhunderts fast ungebrochenen Tradition. 40 Exemplare der 1864/65 aus Sizilien nach Wien gebrachten Pomeranzen sind in der Sammlung noch vorhanden.

Goldene Äpfel

Besitz und Betreuung solcher außergewöhnlicher Pflanzen waren eine kostspielige Angelegenheit. Im System der Hofkultur wurden Ausgaben nicht zum reinen Selbstzweck getätigt, sondern man erwartete davon einen Nutzen für den Hof. Direkter Nutzen war die Verwendung der Pflanzen und ihrer Früchte auf der höfischen Tafel, in Hofküche und Hofapotheke. Auch die Dekoration des Gartens oder der Innenräume gehört dazu. Zum indirekten Nutzen zählt die Einbindung dieser Pflanzen in die Machtsymbolik, in die politische Ikonographie, die sich heute oft nicht auf den ersten Blick entschlüsselt.

Pomeranzen (*Citrus × aurantium*), die neben Zedratzitronen (*Citrus medica*) zu den frühesten mediterranen Pflanzen gehören, die an den fürstlichen Höfen gesammelt wurden, spielen dabei eine besondere Rolle. Sie wurden als die goldenen Äpfel angesehen, die der griechische Halbgott Herakles aus dem Garten der Hesperiden gestohlen hatte. Mit der Wiederentdeckung antiker Kunst und Kultur in Italien ab dem 15. Jahrhundert erlangte auch der Heraklesmythos neue Bedeutung. Als Mitte des 16. Jahrhunderts Pomeranzen über die Alpen nach Norden gelangten, wurde auch ihre metaphorische Bedeutung mittransportiert. Die Habsburger waren nicht nur stolze Besitzer dieser außergewöhnlichen Pflanzen, sondern konnten sich mit dem tugendhaften Helden Herakles gleichsetzen, dem es gelungen war, die goldenen Äpfel aus dem Garten der Hesperiden zu entwenden.

Obwohl am Hof eine lange Tradition der Kultivierung von Zitruspflanzen bestand, sind anders als an anderen Fürstenhöfen kaum Quellen bekannt, aus denen die besondere Bedeutung dieser Pflanzengattung für die Habsburger ablesbar ist. Eines dieser wenigen Zeugnisse ist ein Gemälde Giuseppe Arcimboldos (1526–1593), das sich heute im Kunsthistorischen Museum in Wien befindet.

Geboren in Mailand, war Arcimboldo seit 1562 für den kaiserlichen Hof in Prag und Wien tätig. Berühmt sind seine allegorischen Gemälde, in denen er verschiedene Gegenstände zu menschlichen Köpfen zusammensetzte. Dazu gehört die Serie der vier Jahreszeiten.[19] Der *Frühling* besteht aus Blüten und Blättern, der *Sommer* aus Früchten, Gemüse und Getreide, der *Herbst* aus Weintrauben, ebenfalls aus verschiedenen Früchten und Gemüse sowie Fassdauben. Der *Winter* ist ein knorriger, vertrockneter Baumstamm mit einem Kranz von immergrünem Efeu am Hinterkopf und zwei über einem abgebrochenen Ast hängenden frischen Zitrusfrüchten, einer Zitrone und einer Pomeranze, samt ihrem Laub → **Abb. 13**. Die Jahreszeiten lassen sich auch als Allegorien der vier Lebensalter verstehen.[20] Der Winter symbolisiert somit das Ende des Lebens, den Tod. Die Zitrone und die Pomeranze vor seiner Brust führen jedoch über dieses Ende hinaus. Die immergrünen Pflanzen, deren Früchte während des Winters reifen, sind Zeichen für den immerwährenden Frühling. Diese Symbolik ist keine Erfindung Arcimboldos: Der Florentiner Bankier und Staatsmann Cosimo de' Medici (1389–1464) hatte ein Siegel, auf dem ein verdorrter Baum mit einem neu ausgetriebenen Ast mit Pomeranzen dargestellt war, mit der Devise SEMPER – VON AVVLSO NON DEFICT ALTER (Immer – sobald einer gegangen ist, folgt der nächste).[21] Die Zweige der immergrünen, gleichzeitig blühenden und fruchtenden Zitruspflanzen vor der Brust des *Winters* verweisen auf die ewige Herrschaft der Habsburger. Die Zitruspflanzen in den Gärten der Prager und der Wiener Burg sind daher nicht nur eine Liebhaberei Ferdinands I., die sein Sohn Maximilian II. übernahm, sondern sie sind auch ein Machtsymbol innerhalb der politischen Ikonographie der Habsburger, das Arcimboldos Gemälde öffentlich macht.

Abb. 13 Giuseppe Arcimboldo: Der Winter, 1563, KHM-Museumsverband

Botaniker am Hof

Abb. 15 Anselmus Boëtius de Boodt, Tulpen, um 1596/1610, Rijksmuseum, Amsterdam

→ Abb. 14 Titelblatt von Pietro Andrea Mattioli: Kreuterbuch, Frankfurt 1586, Österreichische Nationalbibliothek, Wien

Neben Künstlern hatte Maximilian II. auch Wissenschaftler an seinen Hof geholt.[22] Darunter waren die Mediziner und Botaniker Pietro Andrea Mattioli (1501–1577) und Carolus Clusius (1526–1609). Mattioli, ab 1564 Leibarzt des Kaisers, verfasste botanische Abhandlungen und übersetzte Werke antiker Autoren. In deren Tradition beschrieb er systematisch die damals bekannten heimischen und nicht heimischen Pflanzen sowie ihre medizinische Wirkung in einem umfangreichen Buch, das mit zahlreichen Darstellungen der Pflanzen in Holzschnitten ausgestattet war.[23] Clusius, ab 1573 Hofbotaniker in Wien, kultivierte Blumenzwiebeln und Gehölze im kaiserlichen Garten und schickte deren Samen an befreundete Botaniker und adelige Gartenbesitzer. Auf diese Weise wurden Tulpen, Kaiserkronen und Kastanien in ganz Europa verbreitet. → **Abb. 15.**[24] Auf Exkursionen erforschte Clusius die Flora Pannoniens und der Alpen. Seine darüber gewonnenen Kenntnisse erschienen mit zahlreichen Abbildungen versehen 1583 in Antwerpen.[25] Nach dem Tod Maximilians II. im Jahr 1576 entließ sein Sohn und Nachfolger, Rudolf II., die Hofangestellten protestantischen Glaubens. Clusius blieb zunächst in Österreich und wurde von dem ungarischen Grafen Balthasar Batthyány, selbst ein Protestant, im burgenländischen Güssing gefördert und erforschte hier weiter die Flora, bis er 1587 nach Frankfurt am Main übersiedelte.[26] Eine wichtige Rolle spielte auch der habsburgische Gesandte am Hof des osmanischen Sultans, Ogier Ghislain (auch: Ghiselin) de Busbecq (1522–1592), der ab Ende der 1550er Jahre Tulpenzwiebeln, Kaiserkronen, Hyazinthen, Ranunkeln, aber auch Flieder und Rosskastanien in seinem Diplomatengepäck von Konstantinopel nach Wien brachte.

Kreuterbuch.

Des Hochgelerten weitberümbten

Herrn Petri Andreae Matthioli/ weilandt Römischer Kayserlicher Maiestat Rath / Auch derselbigen vnd Fürstlicher Durchleuchtigkeit Ertzhertzog Ferdinandi Leibdoctor / gründtliche erklärung aller Kreutter vnd Gewechs. Mit eigentlicher beschreibung derselbigen / in sechserley sprach Namen / Gestallt / Natürlich ort wo sie wachsen / Krafft / Natur vnd Würckung / sampt derselbigen aller schönsten vnd artlichsten / dem Leben gemeß Conterfetung.

Jetzundt widerumb auffs new / mit vielen Kreuttern vnd Figuren / auch mehren nützlichen Artzneyen / experimenten / vnd andern guten stücken / auß sonderem fleiß gemehret vnd verfertiget

Durch

Den hochgelehrten Herrn Ioachimum Camerarium der Artzney Doctorem, vnd der löblichen Reichsstadt Nürmberg Medicum, dergleichen vormals nie außgangen.

Mit drey wolgeordneten sonders nützlichen Registern / beide der Lateinischen vnd Deutschen Namen der Kreutter vnd Simplicien / demnach der Artzneyen damit allen gebresten Menschliches Leibs / von der Scheitel an biß zu der Solen auß / vermittelst der Kreutter geholffen kan werden ; Auch ander vieler Künst vnd vortheil / zur Haußhaltung / Viehzucht / vnd Feldbaw sehr nütz vnd vorträglich.

Mit Röm. Kay. Maiest. Priuilegio, in keinerley Format nachzutrucken.

Getruckt zu Franckfurt am Mayn / Im Jar

M. D. LXXXVI.

Pflanzenschätze

Abb. 16 David Tenier: Vertumnus und Pomona, um 1638, KHM-Museumsverband

Gärten und Parks sind begehbare Gesamtkunstwerke, verschiedene Kunstgattungen sind in ihnen vereint. In ihnen werden Bilder geschaffen, sie sind Bühne für Musik, Oper und Theater. Ihre Hauptbestandteile sind jedoch lebende Pflanzen in unterschiedlichen Funktionen: als Gruppen in Bosketts oder als Wechselflor in Blumenbeeten, als markante Einzelgehölze oder solitäre botanische Raritäten. Orangeriepflanzen dienten als bewegliche Dekorationsobjekte in Parterres, auf Terrassen oder in Innenräumen. Im Laufe der Jahrhunderte unterlag nicht nur die Gestalt der Gärten und Parks, sondern auch die Verwendung von Pflanzen der jeweiligen Mode. Gleichzeitig dienten Pflanzen als Symbole für Macht, Weisheit, Reichtum oder Liebe.

In Darstellungen von Gärten aus dem 16. und 17. Jahrhundert fällt auf, dass Blumen einzeln in Beete gepflanzt waren → **Abb. 16**. Die oft erst kurz zuvor nach Europa gekommenen Pflanzen, wie Tulpe oder Kaiserkrone, waren kostbar wie Kunstgegenstände. Als solche wurden sie im Garten präsentiert, zuweilen wurden in den Beeten sogar Spiegel aufgestellt, um die Wirkung der Kostbarkeiten noch zu betonen.[27] Ähnlich wie in den Kunstkammern Gegenstände der Natur wie Muscheln, Straußeneier oder Korallen durch Goldschmiedefassungen in den Rang von Kunstwerken erhoben wurden, erfolgte eine bewusste Nobilitierung der Pflanzen in kostbaren Gefäßen oder einzeln im Beet.

Gleichzeitig wurde mit der erfolgreichen Kultur vor allem nicht winterharter Gewächse, wie zum Beispiel Pomeranzen, Lorbeer oder Feigen, gezeigt, dass es dem Kaiser nicht nur gelungen war, die Pflanzen aus seinem großen Reich und darüber hinaus an seinem Hof zu versammeln, sondern dass er auch Herrscher über die Natur war. Selbstverständlich waren es die Gärtner, die das Wunder der Überwinterung der nicht frostfesten Pflanzen nördlich der Alpen vollbrachten.

Welchen Stellenwert die Pflanzen innerhalb der höfischen Sammlungen hatten, zeigt ein Gemäldezyklus von Jan Brueghel d.Ä. (1586–1625) und Peter Paul Rubens (1577–1640). Die Bilder stammen aus der Sammlung von Erzherzog Albrecht von Österreich (1559–1621) und seiner Gattin, der Infantin Isabella von Spanien (1566–1633). Albrecht, Sohn Kaiser Maximilians II., lebte als Statthalter der Spanischen Niederlande in Brüssel und war ein wichtiger Förderer der örtlichen Kunstproduktion. Der Gemäldezyklus hat die fünf Sinne zum Thema und bildet wie in einem Inventar

Teile der habsburgischen Sammlungen ab. Der *Sehsinn* zeigt die Gemälde- und Antikensammlung, Münzen sowie astronomische Geräte, → Abb. 4 der *Tastsinn* Waffen und Rüstungen, das *Hören* die Sammlung von Musikinstrumenten und Notenblättern, der *Geschmack* eine üppig gedeckte Tafel und die Erzeugnisse aus Garten, Feld und Flur, der *Geruch* schließlich die Welt der blühenden Pflanzen → Abb. 17. Im Vordergrund dieses Bildes sitzen eine Nymphe und ein Putto, begleitet von einem Hund, zwei Meerschweinchen und einem Marderhund, inmitten heimischer und exotischer Pflanzen, die in voller Blüte stehen. Die Pflanzen sind in einfache Tontöpfe gesetzt, wachsen ausgepflanzt in Beeten oder sind als Schnittblumen in Fayencegefäßen oder Körben arrangiert. Eine Villa, Brunnen, eine Allee, Hecken, Beete sowie mediterrane Obstgehölze wie Feige und Zitrusbaum weisen die Szenerie als Garten aus.[28]

Wurden Gemälde, Skulpturen und Naturalia in Kunst- und Wunderkammern gesammelt, Rüstungen in Rüstkammern, Bücher in Bibliotheken, Tiere in Menagerien, dann war der Garten der Sammlungs- und Präsentationsort der Pflanzensammlungen. Die einzelnen Sammlungen waren, soweit möglich, nicht strikt voneinander getrennt, sondern die Übergänge waren fließend: Tiere aus der Menagerie wurden nach ihrem Tod präpariert und bekamen einen Platz in der kaiserlichen Kunstkammer, ebenso wie ungewöhnliche Pflanzen oder Früchte, wie zum Beispiel eine Zitrone, in der sich eine zweite befand.[29]

↓ **Abb. 17 Peter Paul Rubens und Jan Brueghel d. Ä.: Der Geruch, 1617/18, Museo Nacional del Prado, Madrid**

Pflanzensammlungen in Schönbrunn

Die an der Katterburg liegenden Flächen wurden bereits beim Kauf 1569 als »lust und paumgartten« bezeichnet, in dem unter anderem Obstgehölze wuchsen.[30] Kaiser Maximilian II. ließ im November 1569 einen hölzernen Zaun um das neue Areal errichten und einen Gärtner anstellen. Häufige Gärtnerwechsel, finanzielle Nöte, der Tod des Kaisers im Jahr 1576 und mangelndes Interesse seiner Nachfolger brachten die Arbeiten weitestgehend zum Erliegen. Die während Maximilians Regentschaft nach Wien gekommenen Rosskastanien scheinen jedoch gepflanzt worden zu sein, denn sie sind 1604 in Schönbrunn erstmals nachweisbar.[31]

Erst als Ferdinand III. (reg. 1637–1657) Schönbrunn seiner Stiefmutter, Eleonora Gonzaga (1598–1655), als Witwensitz überließ, wurde die Anlage wieder intensiv genutzt. Die Kaiserinwitwe ließ einen Wohntrakt errichten und einen Lustgarten anlegen. In den folgenden Jahren sind verschiedene blühende Pflanzen und ab 1647 immer wieder Pomeranzen erwähnt, die Eleonora aus ihrer Heimat Mantua kannte.

Aus einer Reisebeschreibung aus dem Jahr 1660 geht hervor, dass im Lustgarten in Schönbrunn Laubengänge aus Flieder standen und über 100 Kübel mit »welschen Bäumen« den Garten schmückten.[32] Als welsche Bäume wurden mediterrane Pflanzen wie Bitterorangen, Feigen, Lorbeer, Rosmarin oder Myrten bezeichnet. Die Nachrichten aus dieser Zeit sind spärlich, und im Zuge der Türkenbelagerungen im Jahr 1683 wurden Schloss und Garten Schönbrunn in Teilen zerstört, die Gartenkultur kam zum Erliegen.[33]

Erst am Ende des Jahrhunderts wurde mit dem Neubau des Schlosses durch Johann Bernhard Fischer von Erlach und der Anlage des barocken Gartens in Schönbrunn ab 1695 unter der Leitung des französischen Gartenarchitekten Jean Trehet der Ausbau zur Sommerresidenz gezielt in Angriff genommen.[34]

Trehet legte die Größe des Parterres und der seitlich flankierenden Boskette fest. Für die Bepflanzung kaufte er in Frankreich »rares Baum- und Blumenwerckh« sowie für das Parterre 1.000 »Tapis-Bäumel« [Buchsbäumchen]. Der Schönbrunner Pflanzenbestand umfasste nun auch zahlreiche Orangeriepflanzen. Im Dezember 1700 bat Hofgärtner Hans Georg Hätzl um Holz zum Beheizen der Winterung für die Pomeranzenbäume. Dass Hätzl Erfahrung mit der Kultivierung von nicht winterharten Pflanzen aus Mittelamerika und Afrika hatte und diese in Schönbrunn wohl vorhanden waren, geht 1714 aus seinem Ansuchen hervor, den Titel eines kaiserlich indianisch und afrikanischen Blumen- und Gewächsgärtners tragen zu dürfen.[35] 1718 wurden in einer Aufzählung besonderer Pflanzen in Schönbrunn auch diese Gewächse erwähnt: Im Besitz Kaiser

Karls VI. (reg. 1711–1740) befanden sich 800 Nelkenstöcke sowie eine große und fünf kleine Pomeranzen. Seine Schwägerin, Kaiserinwitwe Amalie von Braunschweig-Lüneburg, die Schönbrunn seit 1712 als Witwensitz nutzte, verfügte über 900 große und kleine Pomeranzen sowie 900 indianische, afrikanische und heimische Gewächse, darunter waren Agaven, Opuntien, Zypressen sowie Granatäpfel.[36] Für diese Menge an Pflanzen muss ein größeres Überwinterungsgebäude vorhanden gewesen sein. Lust- und Blumengärtner Johann Erhard Haan bat 1733 um den Neubau eines Glashauses mit einer Länge von 36 Klaftern [etwa 69 Meter], da die alten Häuser verfault seien. Der Bau der neuen Winterung wurde genehmigt und kostete 4.074 Gulden.[37]

Agave, Banane und Kaffee – Die Pflanzensammlungen des Prinzen Eugen

Zur gleichen Zeit entstand am Wiener Rennweg eine prächtige Gartenanlage, deren Sammlung lebender Pflanzen und Tiere bei Weitem die des Kaiserhauses übertreffen sollte.

Das Belvedere ist heute mit dem Garten und der Galerie eine viel besuchte Attraktion in Wien. Kaum noch ersichtlich ist, dass sich zu Beginn des 18. Jahrhunderts hier eine der größten Sammlungen nicht frostfester, exotischer Pflanzen des Heiligen Römischen Reiches befand. Besitzer dieser Sammlung war der erfolgreiche Feldherr und Diplomat Eugen, Prinz von Savoyen-Carignan (1663–1736) → **Abb. 18**. Er hatte ab 1697 Grundstücke am Rennweg erstanden und ließ hier mehrere Gebäude errichten und einen Garten anlegen. Verantwortlich waren der Architekt Johann Lucas von Hildebrandt, der Gar-

Abb. 18 Jacob van Schuppen: Prinz Eugen von Savoyen, 1718, Rijksmuseum, Amsterdam

Abb. 19 Salomon Kleiner: Abschlagbares Pomeranzenhaus im Kammergarten des Prinzen Eugen am Rennweg, 1737, Bibliothek des Belvedere, Wien

tenkünstler Dominique Girard und der Gärtner Anton Zinner. Die Gebäude beherbergten Kunstsammlungen, eine Bibliothek sowie eine naturwissenschaftliche Sammlung und dienten ebenso zur Überwinterung exotischer Pflanzen und Tiere. Die Präsentation der umfangreichen Pflanzensammlung und der Menagerie erfolgte im Sommer im Garten.

Ab 1712 wurde das Untere Belvedere als Orangerieschloss gebaut, fünf Jahre später im Kammergarten das abschlagbare Pomeranzenhaus, dessen Dach und Südfassade während der Sommermonate entfernt wurden **→ Abb. 19–21**. 1719 trafen die ersten Zitrusbäume aus Neapel ein. Im Zwickel zwischen Rennweg, Ehrenhof und Unterem Belvedere befanden sich zwei weitere Glashäuser **→ Abb. 22**, die als Warmhäuser dienten. Bis auf das kleine Glashaus existieren noch alle Überwinterungshäuser, jedoch nach Prinz Eugens Tod allmählich zweckentfremdet und bautechnisch adaptiert.[38]

Der Thüringer Jurist Johann Basilius Küchelbecker hielt sich in den 1720er Jahren in Wien auf und veröffentlichte 1730 eine Beschreibung der Residenzstadt. Darin berichtet er, dass in der Orangerie des Prinzen kostbare und rare Gewächse zu sehen seien. Insgesamt sollen sich mehr als 2.000 exotische Pflanzen im Garten befunden haben. Die Pflanzen waren laut Küchelbecker aus Florenz, Genua und Neapel, aus Peru, aus dem indischen Malabar und der dem Osmanischen Reich nach Wien gebracht worden.[39] Als Statthalter der Niederlande hatte Prinz Eugen seinen Stellvertreter angewiesen, in den Häfen ankommende seltene Pflanzen für ihn anzukaufen. Der Prinz hatte so den Zugriff auf Pflanzen für seinen Garten wie einen Kampferbaum (*Cinnamomum camphora*), fruchtenden Kaffee (*Coffea arabica*), Mimose (*Mimosa pudica*) oder eine fruchtende Banane (*Musa × paradisiaca*) **→ Abb. 23**. In Zeitungen wie dem *Wiener Diarium* wurden die außergewöhnlichen Pflanzen und ihre Blüte beschrieben. Für auswärtige Gesandte war der Garten Prinz Eugens mit seinen Sammlungen ein beliebtes Ziel und auch sie berichteten von den seltenen Pflanzen, die man dort zu Gesicht bekam.

Für den Prinzen war die Sammlung exotischer Pflanzen nicht nur eine Prestigefrage. Dass er echtes Interesse an dem Thema hatte, zeigt der Bibliothekskatalog, der über 250 Werke über »Pflanzen, Bäume, Früchte und Blumen« aufweist.[40] Eines der bedeutendsten ist der *Receuil de plantes cultivées dans le jardin royal à Paris* [Sammlung von im königlichen Garten in Paris kultivierten Pflanzen]. Seit etwa 1630 hatte Gaston Herzog

↑ Abb. 20 Das zum Orangeriegebäude umgebaute abschlagbare Pomeranzenhaus, Foto: Gianmaria Gava

↓ Abb. 21 Das Untere Belvedere war ursprünglich als Orangeriegebäude errichtet, Foto: Gianmaria Gava

Abb. 23 *Musa × paradisiaca* (syn.: *Musa maculata*) – Dessertbanane, aus: N. J. Jacquin: Hortus Schoenbrunnensis, Wien 1797–1804, Österreichische Bundesgärten, Wien

Abb. 24 Salomon Kleiner: Löwe und Wisentpaar, 1734, Foto: Belvedere Wien

von Orléans (1608–1660), der jüngere Bruder König Ludwigs XIII., Pflanzen und Tiere in seinem Garten am Schloss von Orléans zeichnen lassen. Der Zweck war die Konservierung dieser vergänglichen Sammlungen. Nach Gastons Tod führte sein Neffe, König Ludwig XIV., diese Tradition weiter. Fest angestellte Illustratoren fertigten Zeichnungen der Pflanzen und Tiere im 1635 gegründeten königlich botanischen Garten in Paris, dem Jardin du Roy, heute Jardin des Plantes. Von diesen Zeichnungen wurden Wiederholungen und Kopien angefertigt. In den 1720er Jahren erstand Prinz Eugen zwei Sätze dieser Dubletten, insgesamt handelte es sich um 516 Blätter mit botanischem und 274 mit zoologischem Inhalt. Die Zeichnungen kamen 1728 nach Wien und wurden in die Bibliothek des Prinzen aufgenommen. Nach dessen Tod 1736 verkaufte seine Erbin die Bibliothek an das Kaiserhaus.[41]

Abb. 22 Salomon Kleiner: Prospekt des großen Glashauses, 1738, Bibliothek des Belvedere, Wien

Vielleicht war es dieses Vorbild, das Prinz Eugen dazu veranlasste, die vergänglichen Pflanzen seiner eigenen Sammlung in Gemälden festzuhalten, die heute unter anderem in der Galerie Belvedere ausgestellt werden. Die umfangreichste und detaillierteste Darstellung stammt aus der Hand des Ingenieurs Salomon Kleiner. Er dokumentierte die wichtigsten Exemplare der Pflanzen- und Tiersammlung des Prinzen in zwölf Stichen. Sie zeigen Gruppen von Tieren und einzelne Pflanzen zusammen mit Skulpturen und Vasen in frei komponierten bühnenbildartigen Szenen → Abb. 24. Die Blätter wurden in einer hohen Auflage gedruckt und waren für den Verkauf vorgesehen.[42] Prinz Eugen erfreute sich nicht nur selbst an seiner außergewöhnlichen Sammlung und zeigte sie seinen Gästen, sondern er wollte mittels der Kupferstiche ihre Existenz einem möglichst großen Kreis an Interessierten kundtun, womit er auch sein eigenes Prestige mehrte.

Als Prinz Eugen 1736 starb, erbte seine Nichte Maria Anna Victoria von Savoyen seinen Besitz. Er hinterließ ihr neben einem großen Vermögen, zahlreichen Liegenschaften, umfangreichen Kunstsammlungen, einer riesigen Bibliothek auch eine der größten Tier- und Pflanzensammlungen Europas. Die Tiere der Menagerie wurden auf verschiedene Orte aufgeteilt. Das Kaiserhaus übernahm die Pflanzen und ein Teil kam nach Schönbrunn.[43]

PFLANZENSAMMLUNG

BELVEDERE

Im Alpengarten im Belevedere werden Pflanzen aus den Gebirgsregionen der ganzen Welt kultiviert sowie die Bonsaisammlung der Republik Österreich.

21AG240/ CZ15 Onosma
stellulata
XX-0-BGAT-0026151

In den Glashäusern im Reservegarten im Belvedere befindet sich die Sammlung der Neuholländer sowie Pflanzen aus der Familie der Bromeliengewächse.

Die Pflanzen-sortimente der Orangerien

Clemens Alexander Wimmer

Im 18. Jahrhundert verstand man unter »Orangerie« eine Sammlung von *Citrus* und anderen Pflanzen ähnlicher Kulturbedingungen, weniger das Gebäude, in dem sie winters untergebracht waren. Heute sprechen wir eindeutiger von Orangeriepflanzen, um Pflanzen zu bezeichnen, die in Orangeriegebäuden kultiviert werden können. Es handelt sich in erster Linie um Kalthauspflanzen, das heißt solche, die einer frostfreien, aber nicht warmen Überwinterung bedürfen. Darüber hinaus finden sich in historischen Orangerie-Inventaren zuweilen tropische Pflanzen wie die Banane. Eine Unterscheidung nach Warmhaus- und Kalthauspflanzen kannte man zur Zeit des Barock kaum. Unterschiedliche Kulturbedürfnisse berücksichtigte man durch den Abstand vom Ofen und vom Fenster oder indem man die (wenigen) wärmebedürftigeren Pflanzen in die Wohnräume nahm. Neben den typischen Kübelpflanzen wurden auch Rosen, Nelken, *Canna*, Tuberosen, Levkojen, Aurikeln, Pimpernell,

↑ **Abb. 26 *Hibiscus syriacus* 'Alba', aus: Georg Wolfgang Knorr: Regnum Florae, Nürnberg 1750, Deutsche Gartenbaubibliothek / Universitätsbibliothek TU Berlin**

← **Abb. 25 *Aloe variegata*, aus: Georg Wolfgang Knorr: Regnum Florae, Nürnberg 1750, Deutsche Gartenbaubibliothek / Universitätsbibliothek TU Berlin**

Campanula pyramidalis und andere Blumen in Orangeriegebäuden überwintert. Außerdem führte die Kostbarkeit neu eingeführter Arten in den Anfangszeiten bisweilen dazu, sie im Haus zu überwintern, gerade wenn noch die Erfahrung fehlte, wie mit ihnen umzugehen war. Beispiele hierfür sind Goldregen, Rosskastanie, Perückenstrauch, Libanonzeder, Kirschlorbeer, Tulpenbaum und Robinie.

Entwicklung des Sortiments

In der Renaissance, also noch vor dem Aufkommen von Orangeriegebäuden, war man nördlich der Alpen zunächst damit beschäftigt, die im Mittelmeerraum vorkommenden Pflanzen auch in den eigenen Gefilden zu installieren. Ihre ursprünglichen Herkünfte waren nicht bekannt, man unterschied nur nach den aktuellen Bezugsquellen, das heißt einerseits solche, die seit der Antike bekannt waren und aus Italien bezogen wurden, und andererseits solche, die im Vorderen Orient neu entdeckt und aus Konstantinopel eingeführt wurden.

Die Ersteren wurden mit den Namen bezeichnet, unter denen sie in der klassischen Literatur, also der der Antike, beschrieben waren. Man kann sie deshalb auch klassische Pflanzen nennen. Hierzu gehören Keuschbaum (*Vitex agnus-castus*), Aloe (*Aloe vera*), Judasbaum (*Cercis siliquastrum*), Gefüllter Granatapfel (*Punica granatum* 'Pleniflora'), Spanischer Ginster (*Spartium junceum*), Gewöhnlicher weißer Jasmin (*Jasminum officinale*), Perückenstrauch (*Cotinus coggygria*), Zitronatzitrone (*Citrus medica*), Dattelpalme (*Phoenix dactylifera*), Oleander, rosa, weiß und gefüllt (*Nerium oleander*), Judendorn (*Paliurus spina-christi*), Lorbeerblättriger Schneeball (*Viburnum tinus*) und Rosettenbäumchen (*Aeonium arboreum*).

Von den Arten, die den klassischen Autoren noch unbekannt waren, war ein Teil bereits im Mittelalter von den Mauren aus Asien nach Südeuropa gebracht worden, wie Zederachbaum (*Melia azedarach*), Pomeranze (*Citrus × aurantium*) und Zitrone bzw. Limone (*Citrus × limon*). Weitere Pflanzen wurden im 16. Jahrhundert mit Zwischenstationen in Südeuropa aus dem Orient eingeführt. Hierzu gehört die Apfelsine (*Citrus × sinensis*), eine portugiesische Neueinführung der ersten Hälfte des 16. Jahrhunderts. In historischen Orangerien war sie allerdings nur eine Randerscheinung, der französische Begriff *oranger* bezeichnete den Pomeranzenbaum. Aus dem Nahen Osten kam die Libanonzeder. Neuentdeckungen aus Kleinasien waren Kirschlorbeer (*Prunus laurocerasus*) und *Hibiscus syriacus* → **Abb. 26**.
Nach der Entdeckung Amerikas kamen im 16. Jahrhundert über Spanien weitere wichtige Kübelpflanzen nach Europa, so aus Mittelamerika die

Agave (*Agave americana*), »Indianische Feigen« (*Opuntia ficus-indica* →**Abb. 27**, *O. vulgaris*, *O. tuna*) und Kakteen (z. B. *Aporocactus flagelliformis*, *Cereus hexagonus*, *C. peruvianus*, *C. tetragonus*, *Hylocererus triangularis* und *Selenicereus grandiflorus*) sowie aus dem südöstlichen Nordamerika *Yucca gloriosa* und die ersten Passionsblumen (*Passiflora incarnata* und *P. coerulea*) →**Abb. 28**.

Nachdem Südafrika 1652 niederländische Kolonie geworden war, kamen von dort zahlreiche weitere Neuentdeckungen nach Europa. Hierzu gehören Aloe-Arten →**Abb. 25**, Kakteen, Mittagsblumen (*Mesembryanthemum*) und Lebende Steine (*Lithops*), Wolfsmilch (*Tithymalus*), Pelargonien (z. B. *Pelargonium triste*, *P. zonale*, *P. inquinans* →**Abb. 29**), Löwenohr (*Leonotis leonurus*), Stapelien →**Abb. 30** und einige Proteen. Die Periode von 1687 bis 1772 gilt als die Haupteinführungszeit der »Capenser« (Pflanzen aus Südafrika, so benannt nach dem Kap der Guten Hoffnung).

Abb. 27 ***Opuntia ficus-indica*****, aus: Georg Wolfgang Knorr: Regnum Florae, Nürnberg 1750, Deutsche Gartenbaubibliothek / Universitätsbibliothek TU Berlin**

Die Anteile der einzelnen Arten

Die Auswertung zahlreicher Inventare barocker Orangerien ergab, dass etwa 50 Arten häufig vertreten waren. Die meisten waren schon lange bekannt, wie Myrte, Granatapfel und Oleander. Neue Arten wie Lorbeerkirsche, *Agave* oder *Yucca* spielten aber durchaus eine wichtige Rolle und machten etwa ein Drittel der Arten aus. Nur selten vertreten waren Neueinführungen wie Apfelsine, Pampelmuse und Kaffeebaum.

Zu den Stückzahlen lässt sich überschlägig sagen: Über 50 Exemplare kommen vor bei Zypresse, Feige, Lorbeer, Pomeranze, Zitrone, Myrte und Rosmarin. Diese sieben Arten oder 20 Prozent bilden den weitaus größten Teil der Bestände in diesen Inventaren. Sie waren alle sehr schnittverträglich, was für die Präsentation im Barockgarten wichtig war.

Spitzenreiter im Barock war eindeutig die Pomeranze. Man strebte danach, möglichst viele und große Exemplare in zahlreichen Sorten zu besitzen. Die Sortenzahl bei *Citrus* stieg während der Barockzeit auf mehrere Hundert. August der Starke in Dresden und Friedrich der Große in Potsdam trugen Zitrusbestände von über tausend Exemplaren zusammen. In Sanssouci war die Pomeranze sogar die einzige kultivierte Orangeriepflanze. Vorbild war der große Zitrusbestand in Versailles. Die Auswertung der Inventare zeigt aber, das reine Zitrusbestände eher die Ausnahme waren und in den meisten Orangerien die in der Renaissance entstandene Sammelleidenschaft weiter gepflegt wurde. Man kultivierte Arten um ihrer selbst willen, oft nur in einem einzigen Exemplar.

Abb. 28 *Passiflora coerulea*, aus: Georg Wolfgang Knorr: Regnum Florae, Nürnberg 1750, Deutsche Gartenbaubibliothek / Universitätsbibliothek TU Berlin

Abb. 29 *Pelargonium inquinans*, aus: Georg Wolfgang Knorr: Regnum Florae, Nürnberg 1750, Deutsche Gartenbaubibliothek / Universitätsbibliothek TU Berlin

Orangeriepflanzen im 19. Jahrhundert

Nach dem Ende der Barockzeit um 1770 wuchs das bekannte Pflanzensortiment ins Unermessliche. Das Sammeln neue Arten trat allgemein in den Vordergrund. Den Löwenanteil machten die Neueinführungen aus Australien und Neuseeland aus, die Neuholländer genannt wurden, da die damalige Bezeichnung Australiens »Neuholland« war. Dazu gehören Gehölzarten aus den Gattungen *Banksia, Casuarina, Eucalyptus, Hebe, Leptospermum, Melaleuca* und *Metrosideros* wie auch die Strohblume (*Helichrysum bracteatum*). Ihre Einführung erfolgte im Anschluss an die Expedition von James Cook, der 1770 die Ostküste Australiens erreichte. Die Periode von 1772 bis 1805 wird dementsprechend auch »Neuholländerzeit« genannt. Wegen der ähnlichen Ansprüche wurden die »Neuholländer« in den europäischen Gärten des 19. Jahrhunderts gern mit den »Capensern« zusammen kultiviert und präsentiert.

Als Nebenschauplätze sind um 1800 auch Lateinamerika, Südafrika und der Ferne Osten zu nennen. So kamen aus Südafrika beispielsweise die Bleiwurz (*Plumbago capensis*) und die Zimmerlinde (*Sparmannia africana*). Die südafrikanischen Pelargonienarten erreichten den Höhepunkt ihrer Beliebtheit. Auch südafrikanische Eriken erfreuten das Herz vieler Pflanzensammler. Aus den kälteren Gebieten Mittel- und Südamerikas gelangten Fuchsien und Brugmansien, ferner *Abutilon*-Arten, Akazien und zahlreiche Kassien nach Europa.

Für das 19. Jahrhundert steht eine systematische Auswertung der Pflanzeninventare noch aus. Kennzeichnend für diese Zeit ist, dass sich einige Gattungen verselbstständigten und durch Sammlung und Weiterzüchtung so umfangreich wurden, dass sie eigene Häuser in Anspruch nahmen. Hier sind unter den Kalthauspflanzen vor allem Pelargonien, Fuchsien, Eriken und Kamelien zu nennen. Nach 1850 gerieten die Einführungen aus tropischen Gebieten in den Fokus, die statt Orangerien Warmhäuser benötigten.

Abb. 30 ***Orbea variegata*****, aus: Georg Wolfgang Knorr: Regnum Florae, Nürnberg 1750, Deutsche Gartenbaubibliothek / Universitätsbibliothek TU Berlin**

SYSTEMATISCHES

»... von seltenen und merkwürdigen Pflanzen aller Arten, Saamen, die er in den Gärten sowohl als in der Wildniß bekommen kann, in überflüssigen Mengen einsammeln.«[44]

Philipp Graf von Cobenzl, 1785

SAMMELN

Abb. 31 Kaiser Franz I. Stephan, posthum, um 1775, KHM-Museumsverband

Wenige Wochen nach Prinz Eugens Tod im Jahr 1736 fand die Heirat von Maria Theresia und Franz Stephan von Lothringen statt. Vier Jahre später folgte Maria Theresia ihrem Vater als Erzherzogin von Österreich nach (reg. 1740–1780). 1745 bestieg ihr Gemahl als Franz I. (reg. 1745–1765) den Kaiserthron des Heiligen Römischen Reiches. Mit diesem Akt erfolgte auch die Übernahme der Sommerresidenz Schönbrunn.

Franz Stephan und Maria Theresia widmeten sich dem endgültigen Ausbau von Schönbrunn. Gleichzeitig war es der Wendepunkt im Hinblick auf die Pflanzensammlungen. Der naturwissenschaftlich interessierte Franz Stephan hatte 1750 die Naturaliensammlungen Jean de Baillous, ehemaliger Direktor der Kunstsammlungen der Medici in Florenz, gekauft. Sie bildeten den Grundstock des Hofnaturalienkabinetts, des heutigen Naturhistorischen Museums **→ Abb. 31.**[45]

Wenig später hatte der aus Leiden stammende Leibarzt Maria Theresias, Direktor der medizinischen Fakultät sowie Präfekt der Hofbibliothek, Gerard van Swieten, Franz Stephan die Anlage eines Botanischen Gartens in Schönbrunn empfohlen.[46] Vorgesehen war dafür ein bisher ungenutzter Bereich im Westen der Residenz.[47] Es ist zu vermuten, dass das 1736 aus dem Erbe des Prinzen Eugen erworbene *Receuil de plantes cultivées dans le jardin royal à Paris* [Sammlung von Pflanzen, die im königlichen Garten zu Paris kultiviert werden], ein Werk, das in der Hofbibliothek aufbewahrt wurde, einer der Auslöser für dieses Projekt war.

Ein holländischer Spezialist wird angestellt

Für die Gestaltung und die Betreuung gelang es über die Vermittlung durch Gerard van Swieten den ebenfalls aus Leiden stammenden Gärtner Adrian van Steckhoven (1705–1782) zu gewinnen → **Abb. 32**. Steckhoven hatte das Gärtnerhandwerk bei seinem Vater erlernt, einem Erwerbsgärtner im Dorf Veur in Südholland. Im April 1724 heuerte Steckhoven auf dem Segelschiff *Noordbeek* der Niederländischen Ostindien-Kompanie (Veerenigde Oostindische Compagnie – VOC) als Matrose an. Ziel der Reise mit einem Zwischenstopp bei der Niederlassung der VOC am Kap der Guten Hoffnung war Batavia (Jakarta). Während des dreiwöchigen Aufenthaltes am Kap besuchte Steckhoven die drei Gärten der VOC und war überwältigt von deren Pflanzenvielfalt. Nach seiner Rückkehr in die Niederlande im Juli 1725 verliert sich zunächst seine Spur. Zwei Jahre später gründete er außerhalb der Stadtmauer von Leiden eine Gärtnerei mit dem Namen »De Dadelboom« [Der Dattelbaum]. Das Unternehmen war äußerst erfolgreich, sodass Steckhoven die Gärtnerei immer wieder vergrößerte. Belegt sind ein Wohnhaus, ein Orangeriegebäude, Gewächs- und Treibhäuser. Der Handel mit exotischen Pflanzen war im wohlhabenden Leiden lukrativ: 1733 bot Steckhoven 1.700 türkische Ranunkeln an, 1737 blühte in seinem Garten eine Banane.[48]

Im Frühjahr 1753 erreichte ihn ein Brief aus Wien. Gerard van Swieten bot ihm die Stelle eines kaiserlichen Hofgärtners in Wien an mit der Aufgabe, einen Botanischen Garten in Schönbrunn anzulegen und zu betreuen. Seiner Bestallung in Diensten des Kaisers gingen längere Verhandlungen voraus. Steckhoven scheint aufgrund der Anfrage des Kaisers geschmeichelt gewesen zu sein, wollte aber wohl auch bestmögliche Bedingungen für sich und seine große Familie aushandeln. Seine durchaus selbstbewussten Forderungen ließ er über van Swieten an den Kaiser weiterleiten. Steckhoven verlangte völlige Freiheit und jegliches Material, um den Garten anlegen und verschönern zu können. Der Garten sollte verschlossen sein und nur auf Anordnung des Kaisers von fremden Personen betreten werden dürfen. Mit keinem anderen Gärtner müsse er sein Wissen und seine Erfahrungen teilen, und er würde so viele Arbeiter bekommen, wie er brauche. Auch sollte man seine Tätigkeit nicht im ersten oder zweiten Jahr beurteilen, da die Herstellung eines Gartens Zeit brauche. Er forderte außerdem 100 Orangenbäume, um einen schönen symmetrischen Garten schaffen zu können. Seine Forderungen ergänzte eine lange Liste von Pflanzen, die er für die Anlage dieses Gartens unbedingt benötigte.

Im Juli 1753 lag schließlich ein Vertragsentwurf vor mit einer Resolution, in der der Kaiser auf Steckhovens Forderungen weitgehend einging. Er war damit einverstanden, dass Steckhoven mit niemandem sein Wissen teilen müsse, jedoch sollte er ihm, dem Kaiser, all seine Geheimnisse anvertrauen. Was die gewünschten 100 Orangenbäumen anging,

Abb. 32 Patuzzi: Adrian van Steckhoven, um 1780, Foto: Gianmaria Gava / Österreichische Bundesgärten, Wien

so entgegnete der Kaiser diplomatisch, dass es nicht daran fehlen werde, wenn der Garten einmal fertig sei. Selbstverständlich war auch das Gehalt Teil der Verhandlungen. Steckhoven hatte nach eigenen Angaben in Leiden bisher jährlich etwa 4.000 holländische Gulden durch den Verkauf von Blumen, Früchten, exotischen Pflanzen und Obstgehölzen sowie durch das Erstellen von Entwürfen für Gartenparterres in Holland und Deutschland eingenommen. Der Kaiser billigte ihm das Äquivalent von jährlich 3.000 deutschen Gulden zu, ebenso die geforderte Pension im Falle seines Ablebens für seine Witwe und die Kinder, Haus und Feuerholz, die Reisekosten von Leiden nach Wien sowie die Übernahme der Zollgebühren für den Hausrat. Des Weiteren plante Steckhoven seinen Leidener Gartenknecht mitzunehmen und verlangte ebenfalls ein Gehalt für ihn. Bei dem Gehilfen handelte es sich um Ryk van der Schot (1733–1790), für den 500 Gulden Jahressold vorgesehen waren. Schlussendlich forderte Steckhoven noch eine Entschädigung dafür, dass er sein Leidener Haus, den Garten, die Glashäuser und die Orangerie unter Wert verkaufen müsse. Der Kaiser versprach, die Differenz zu begleichen. Ebenso zahlte der Kaiser 3.680 deutsche Gulden für die Pflanzen, die Steckhoven aus seinem Garten in Leiden mitbrachte.[49] Mitte August 1753 war in der Leidener Zeitung zu lesen, dass Adrianus Steckhoven vom 3. bis 6. September in seinem Haus eine außerordentliche Sammlung von Aloen, Säulenkakteen, Feigen, Orangen und Lorbeerbäumen verkaufen werde.[50] Am 23. September 1753 verließ Steckhoven mit seiner Familie Leiden, im November 1753 erreichten sie Wien.[51]

Der Holländische Garten in Schönbrunn

Abb. 33 Holländischer Garten Schönbrunn, um 1753, Albertina, Wien

In dem um 1753 entstandenen Präsentationsplan mit dem Titel »Hortus Imperialis Floriger et Fructuarius« [Kaiserlicher Blumen- und Fruchtgarten] sind Gestaltung und Funktionen des Gartens zu erkennen. Der Autor des Planes stammt vermutlich aus dem Umfeld Steckhovens. →Abb. 33 Der Garten war in drei Gevierte mit unterschiedlichen Nutzungen geteilt: Obst-, Gemüse- und Blumengarten. Es war somit eine Kombination aus Küchen- und repräsentativem Botanischem Garten. Den nördlichen Abschluss bildete eine Orangerie-Glashausanlage mit zwei Seitenflügeln (15, 16) und einem Mittelpavillon (18). In der nordwestlichen Ecke befand sich das Gärtnerhaus (1), daran südlich anschließend erstreckten sich weitere Glashäuser zur Kultivierung von Ananas (12) und Pomeranzen (13) sowie zur Pfirsichtreiberei (17). Entlang der Gartenmauern waren Birnenspaliere (21) angebracht und es wurde Wein (20) gezogen. Das nördliche Geviert war als Blumengarten (8) konzipiert, vor allem für Zwiebelpflanzen und zur Sommeraufstellung von »indischen Bäumen«. Das mittlere Geviert war für Feingemüse (9) und die Treiberei von Melonen und Erdbeeren (19) vorgesehen. Der südliche Bereich wurde als Obstgarten (7) genutzt. Im Süden war an den Holländischen Garten angrenzend ein Jahr zuvor die Menagerie für die Sammlung lebender Tiere errichtet worden. Im darauffolgenden Jahr ließ der Kaiser einen zweiten Botanischen Garten in Wien anlegen. Dieser bis heute am Rennweg existierende Garten gehört zur Universität Wien und diente von Anfang an im Gegensatz zu dem in Schönbrunn Lehr- und Forschungszwecken.[52] In den ersten Entwurfsplänen wird der Botanische Garten in Schönbrunn noch als Potager [Küchengarten] bezeichnet.[53] Im Stadtplan von Wien und Umgebung von Jean-Baptiste Bréquin de Demenge von 1754–1755 wird dieser Bereich aufgrund der holländischen Gärtner Adrian van Steckhoven und Ryk van der Schot erstmals als Holländischer Garten bezeichnet.[54] Fast 70 Jahre später wurde der Holländische Garten noch als das Bemerkenswerteste in Schönbrunn genannt. Man sehe die seltenste Pflanzen wie in einer »botanischen Schatzkammer«.[55]

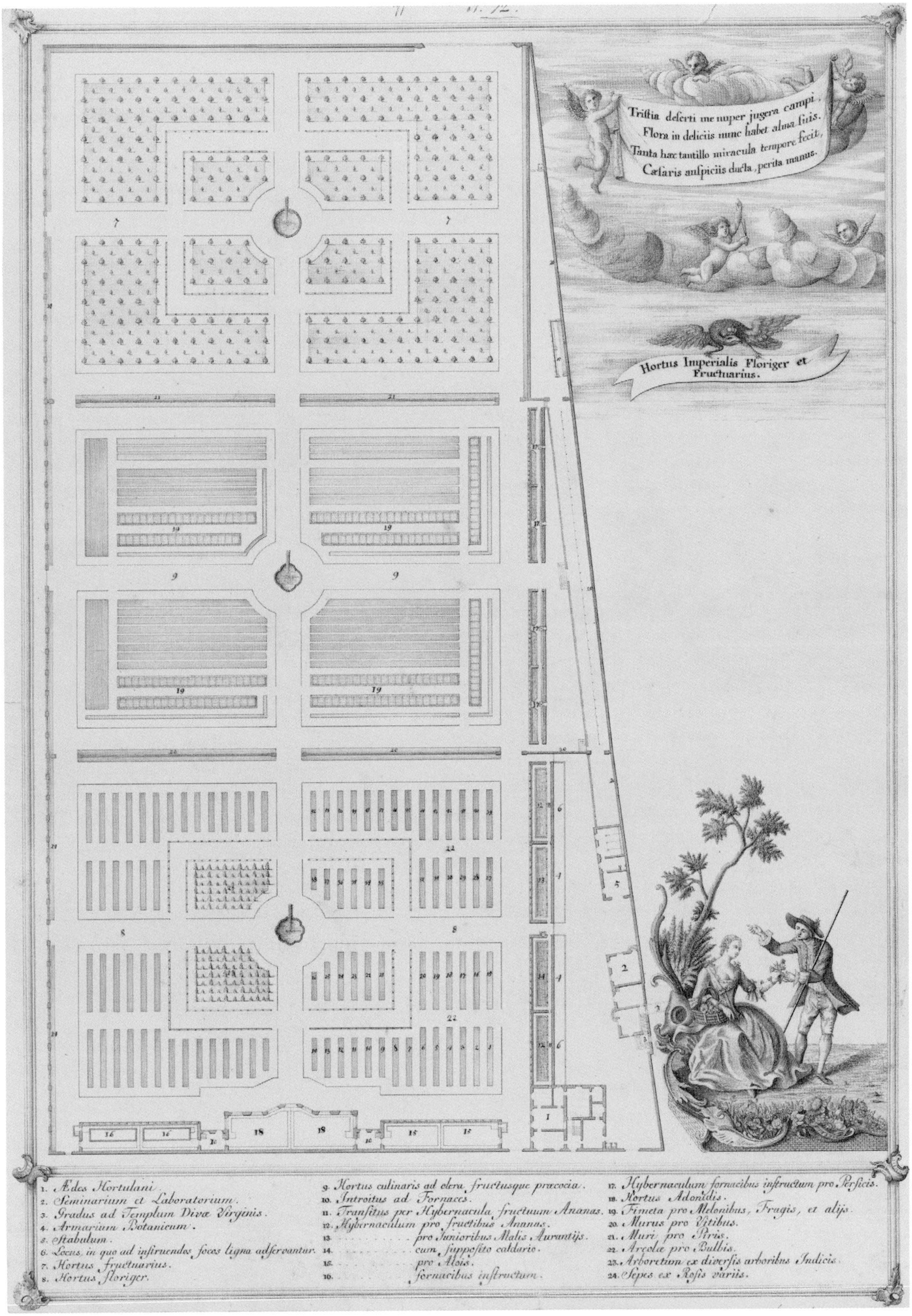
Tristia deserti me nuper jugera campi,
Flora in deliciis nunc habet alma suis.
Tanta hæc tantillo miracula tempore fecit,
Cæsaris auspiciis ducta, perita manus.
Hortus Imperialis Floriger et Fructuarius.
1. Ædes Hortulani.
2. Seminarium et Laboratorium.
3. Gradus ad Templum Divæ Virginis.
4. Armarium Botanicum.
5. Stabulum.
6. Locus, in quo ad instruendos focos ligna adservantur.
7. Hortus fructuarius.
8. Hortus floriger.
9. Hortus culinaris ad olera fructusque præcocia.
10. Introitus ad Fornaces.
11. Transitus per Hybernacula fructuum Ananas.
12. Hybernaculum pro fructibus Ananas.
13. pro Junioribus Malis Aurantijs.
14. cum supposito caldario.
15. pro Alois.
10. fornacibus instructum.
17. Hybernaculum fornacibus instructum pro Persicis.
18. Hortus Adonidis.
19. Fimeta pro Melonibus, Fragis, et alijs.
20. Murus pro Vitibus.
21. Muri pro Piris.
22. Areolæ pro Bulbis.
23. Arboretum ex diversis arboribus Indicis.
24. Sepes ex Rosis variis.

57

Königliche Früchte für die kaiserliche Küche

Zu den Nutzpflanzen, die Steckhoven aus Leiden nach Wien mitgebracht hatte, gehörten auch 400 Ananaspflanzen. → Abb. 34 Die ursprünglich aus Brasilien stammende Ananas ist heute ein beliebtes exotisches Obst und kommt dank moderner Transportmittel die Frucht auch bei uns erntefrisch auf den Tisch. Bekannt wurde die Ananas in Europa, nachdem Christoph Kolumbus auf seiner zweiten Amerikareise 1493 in Guadeloupe eine Ananas gesehen hatte. Besonders beeindruckt hatte die Europäer vor allem der außergewöhnliche Geschmack und die Süße der Frucht.

Die Kunde über dieses »Geschmack ergötzende Wunder der Natur«[56] verbreitete sich schnell in ganz Europa. Die erste Ananas gelangte 1514 nach Spanien, vermutlich als Pflanze mit Erdballen. Die reifen Früchte überstanden die langen Fahrten über den Atlantik nicht, unreif geerntete Früchte reiften nicht nach und waren ungenießbar. Infolge der immer häufigeren Seereisen spanischer, portugiesischer und englischer Handelsschiffe wurden Ananaspflanzen rasch in weiten Teilen der Tropen verbreitet und Mitte des 16. Jahrhunderts bereits in Südostasien angebaut → Abb. 35.

Die Pflanzengattung *Ananas* gehört zur Familie der Bromeliengewächse. Die Vermehrung erfolgt in der Regel über Schösslinge aus den Blattachseln oder über den glatt abgeschnittenen Schopf der Frucht, der direkt in die Erde gesetzt wird. Sobald er bewurzelt ist, beginnt die Wachstumsphase der Pflanze. Nach etwa elf Monaten bildet die Pflanze die erste Blüte, bis zur Fruchtreife vergehen weitere vier bis fünf Monate. Obwohl die Vermehrung über Schösslinge einfach ist, war eine Kultivierung in Europa lange Zeit nicht möglich. Die zur Fruchtreife benötigten gleichbleibend hohen Temperaturen der Luft und des Bodens von 25 bis 30 °C während mehrerer Monate erfordern technische Voraussetzungen, die in Europa lange nicht gegeben waren.

Erst in der zweiten Hälfte des 17. Jahrhunderts gelang es im Botanischen Garten in Leiden Ananas bis zur Fruchtreife zu bringen. Die Stauden wurden in einem Glashaus kultiviert, in dem man die Pflanzbeete von unten mit Torföfen beheizte.[57] Diese Methode verbreitete sich rasch in Europa, sodass

← Abb. 34 Zuckerhut-Ananas, aus: Johann Abercrombie: Der Treibhausgärtner, Wien 1792, Österreichische Gartenbau-Gesellschaft, Wien

↑ Abb. 36 Porträt einer Ananas aus der Orangerie der Königin Ulrika Eleonora von Schweden in Ulriksdal, David von Cöln, um 1729, Nationalmuseum Stockholm

← Abb. 35 Albert Eckhout (zugeschrieben): Markt in der niederländischen Handelsniederlassung in Batavia (heute Jakarta), um 1640 – 1666, Rijksmuseum, Amsterdam

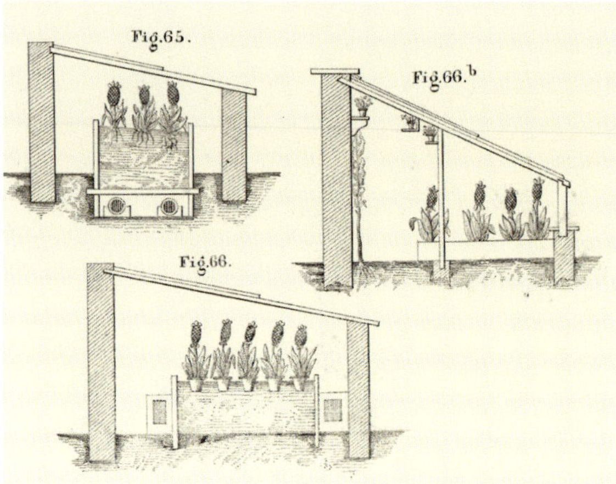

Abb. 37 Ananaskultivierung in Lohbeeten und mit einer Warmwasserheizung, aus: Neumann, 1852, Österreichische Bundesgärten, Wien

Anfang des 18. Jahrhunderts an vielen Orten in botanischen Gärten und Anlagen adeliger Gartenbesitzer Ananas angebaut wurden → Abb. 36.

Bald wurden eigene Treibhäuser für Ananas errichtet. Um im Boden hohe Temperaturen zu erzeugen, wurden die Pflanzen in Töpfen in Lohbeete gesetzt. Diese bestanden aus einer dicken Packung Pferdemist und einer Schicht Gerberlohe. Bei der Verrottung des Pferdemistes und der zum Gerben von Leder verwendeten Eichenrinde entsteht Wärme, die direkt an die Töpfe abgegeben wird, ohne die empfindlichen Wurzeln durch die Gerbstoffe zu schädigen → Abb. 37.[58] Ab Mitte des 19. Jahrhunderts wurden die Beete auch durch Warmwasserheizungen erwärmt, sodass nun die Pflanzen ohne schützende Töpfe direkt in die Beete gesetzt werden konnten.[59]

Der außergewöhnliche Geschmack der frischen Früchte faszinierte die Menschen. Immer wieder findet man in der Fachliteratur des 18. Jahrhunderts ausufernde Beschreibungen des Fruchtfleisches, die von dieser Begeisterung zeugen. Auch die kaiserliche Familie in Wien wünschte Ananaspflanzen zu besitzen. Die ersten Pflanzen kamen vermutlich mit Adrian van Steckhoven 1753 aus seinem Garten in Leiden nach Schönbrunn. Weitere Stauden brachten Nikolaus Joseph Jacquin und der Gärtner Ryk van der Schot 1759 bei ihrer Rückkehr von der ersten Forschungsexpedition in die Karibik mit. Um 1780 waren bereits 2.000 Pflanzen vorhanden, von denen jährlich 500 bis 600 Früchte geerntet wurden. Im Garten vor dem um 1755 errichteten Orangeriegebäude in Schönbrunn befanden sich Mistbeetkästen und kleinere Treibhäuser zur Obstkultivierung, darunter auch drei Ananashäuser → Abb. 39.

Anfang des 19. Jahrhunderts klagten die Hofgärtner über ein aus England eingeschlepptes schädliches Insekt, das dazu geführt hatte, dass eine große Zahl der Pflanzen einging. Der für die Orangerie verantwortliche Hofgärtner Joseph Schücht hatte schließlich neue Pflanzen in Quarantäne angezogen, sodass 1808 der Bestand wieder auf 1.135 Pflanzen angewachsen war und ein schon vorhandenes Blumenhaus nun als Ananashaus genutzt werden sollte. Im selben Jahr hatte Hofgartendirektor Boos 1808 aus Preßburg 100 neue Pflanzen bekommen, die im Augarten kultiviert wurden, damit sie nicht mit dem in Schönbrunn grassierenden Schädling infiziert wurden.[60] Der Bedarf an Ananas für die Hofküche und für die Dekoration der kaiserli-

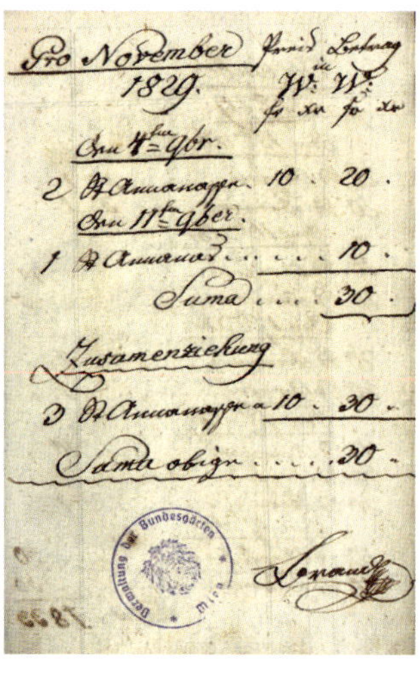

Abb. 38 Ananasernte in Schönbrunn im November 1829, aus: Franz Bredemayers Obstbüchel, Österreichische Bundesgärten, Wien

chen Tafel war so groß, dass die beliebte Frucht auch in anderen Hofgärten kultiviert wurde. Seit dem frühen 19. Jahrhundert bauten die Hofgärtner im Belvederegarten und im Augarten Ananas an.

Über die erzielte Ernte gibt das von Hofgartendirektor Bredemayer ab 1829 geführte *Schönbrunner Obstbüchel* Auskunft → **Abb. 38**. Er vermerkte darin die aus dem Schönbrunner Hofgarten an die Hofküche gelieferten Obstmengen. Im Juli 1835 lieferte er 22 Tafelananas und 41 Ananas zum Einkochen, im Juli 1839 sogar 53 Tafelananas und 79 Stück zum Einkochen.[61]

Im Sommer 1882 unternahmen der Hilfsgärtner Josef Vesely, der Gartengehilfe Alois Kropatsch sowie der Parkgärtner Josef Ehrlich eine zweimonatige Bildungsreise zu den wichtigsten Gärten und Gartenbaubetrieben in Deutschland, Frankreich, Belgien und England. Eine ihrer Aufgaben war, sich über den Stand der Ananaskultur in den besuchten Gärten zu informieren. Ausführlich beschreiben sie in ihren Reiseberichten Ananasgewächshäuser, Heizmethoden sowie die kultivierten Sorten.[62]

Zu Beginn des 20. Jahrhunderts endete der Anbau von Ananas in den Hofgärten. Sparmaßnahmen innerhalb der Hofgärtendirektion, aber auch die Gründung der Hawaiian Can Company durch James Dole im Jahr 1901, die nun vor Ort große Mengen Ananas in Konservendosen haltbar machte, wodurch die Früchte problemlos ohne Geschmacksverlust nach Europa transportiert werden konnten, führten zum Ende der Ananaskultur in Wien.[63]

Abb. 39 Carl August Sckell: Ananashaus in Schönbrunn, 1848, Bayerische Verwaltung der staatlichen Schlösser, Gärten und Seen, München

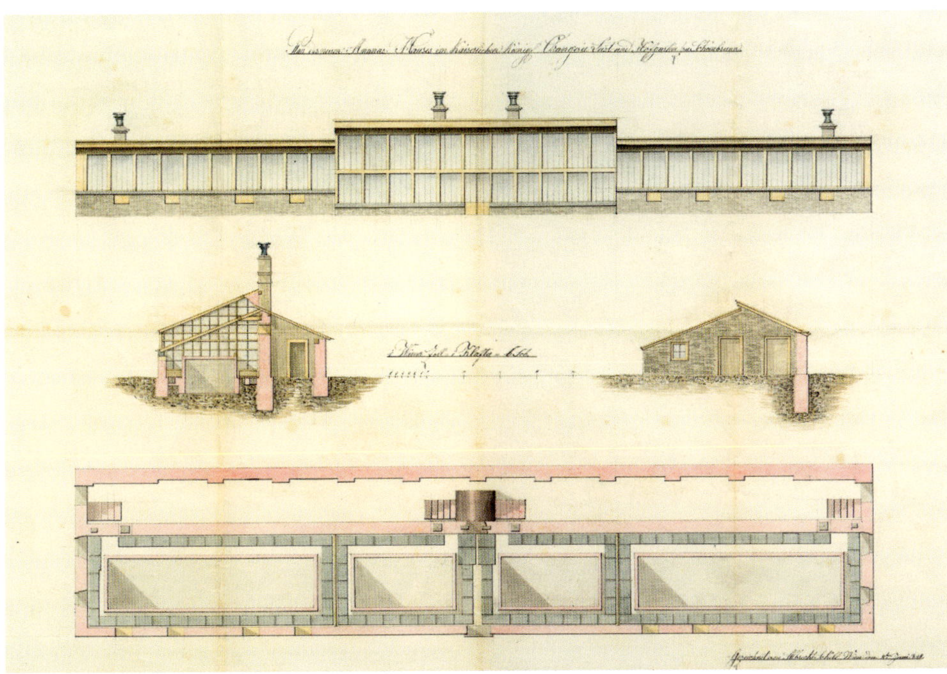

Das Große Orangeriegebäude

Während am westlichen Rand des Schlossgartens Schönbrunn der Holländische Garten mit den Glashäusern entstand, wurde im Osten etwa gleichzeitig, 1754, ein deutlich größeres Gebäude zur Überwinterung von Pflanzen geschaffen: das Große Orangeriegebäude. Der 189 Meter lange Bau entspricht dem Typus der in Frankreich entstandenen Galeriegebäude → Abb. 40–41. Die Südfassade ist durch bodentiefe Fenster geöffnet, damit die Pflanzen möglichst viel Licht und Sonne bekommen. An die Pflanzenhalle schließt sich nördlich ein Versorgungsgang, der sogenannte Finstere Gang, sowie ein doppelgeschossiger Wohntrakt an. Ursprünglich wurde die Pflanzenhalle durch Wandöfen temperiert, die sich in jeder zweiten Rundnische befanden. Da diese Methode vermutlich nicht ausreichend war, baute man noch im 18. Jahrhundert eine Rauchkanalheizung ein. An der Nordseite der Pflanzenhalle befinden sich insgesamt sechs unterirdische Öfen. Von diesen verlaufen im Boden verlegte Kanäle, durch die der Rauch abgeleitet wird. Die Kanäle führen den heißen Rauch bis an die südliche Fensterfront, dann an dieser entlang und schließlich wieder bis zur nördlichen Rückwand. Dort leitet ein Rauchfang den erkalteten Rauch ab. Die Kanäle sind mit gusseisernen Platten bedeckt, die die Wärme an den Raum abgeben. Bis heute wird diese Rauchkanalheizung mit dem Holz aus dem Schlosspark Schönbrunn zur Temperierung des Orangeriegebäudes im Winter betrieben.

In östlicher Verlängerung des Orangeriegebäudes wurde das halbkreisförmige Cedrathaus errichtet, in dem die im Vergleich zu den Pomeranzen wärmeliebenderen Zedratzitronen überwintert wurden. Die Nebenräume dienten zur Lagerung des in den Küchengärten geernteten Obstes.[64]

Abb. 40 **Orangeriegebäude und Cedrathaus, Foto: Claudia Gröschel**

Abb. 41 1869/70 wurden die alten hölzernen durch neue eiserne Fenster und Türen ersetzt, nach 1870, Österreichische Bundesgärten, Wien

Das Orangeriegebäude

Erste Pflanzen im Holländischen Garten

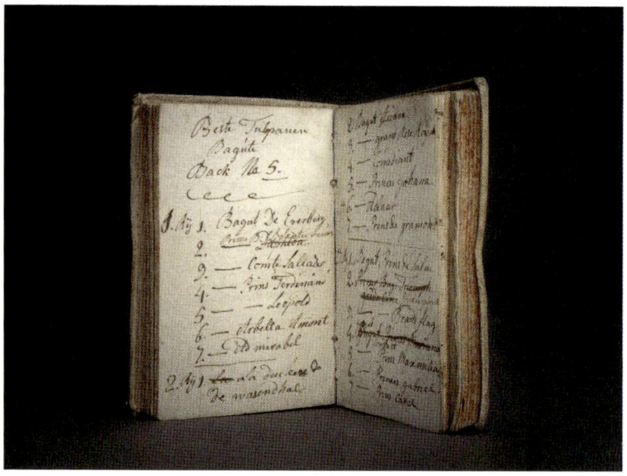

Abb. 42 Liste von im Holländischen Garten kultivierten Tulpenzwiebeln, um 1759, Notizbuch des Ryk van der Schot, Foto: Gianmaria Gava / Österreichische Bundesgärten, Wien

Eine nicht unbeträchtliche Menge an Pflanzen hatte bereits Steckhoven aus seinem Garten in Leiden auf Wunsch des Kaisers mit nach Wien gebracht: eine große Anzahl von Zwiebelpflanzen, darunter 1.200 Hyazinthen, 2.000 Tulpen, 1.000 Ranunkeln, 1.000 Anemonen, 2.000 Narzissen, 50 Kaiserkronen, 200 Schachbrettblumen. Auch Stauden sowie subtropische und tropische Gewächse sind auf der Liste der Pflanzen zu finden, wie 600 Bärenohr, 400 Nelken, 100 frostharte amerikanische Pflanzen, 25 junge Orangenbäume in noch nicht vorhandenen Sorten, 50 Agaven, 30 Kakteen, 50 weitere seltene Pflanzen für die Glashäuser, eine Früchte tragende Dattelpalme, drei Drachenbäume, drei Magnolien, ein Kampferbaum, zwei Bananen, 400 Ananas, 400 Birn-, Apfel-, Kirsch- und Pflaumenbäume, 125 Pfirsichbäume, 60 Weinstöcke, 12 Feigenbäume sowie Werkzeug und Samen.[65] Als besondere Gabe für Maria Theresia hatte Steckhoven eine Chinesische Schirmpalme (*Livistona chinensis*) mitgebracht. **→ Abb. 43** Die Pflanze war 1684 als Geschenk für den Statthalter Wilhelm III. in die Niederlande gekommen, Steckhoven hatte sie 1739 erworben. In Schönbrunn fand sie einen prominenten Platz im Holländischen Garten **→ Abb. 44**.[66] In einem von Ryk van der Schot ab 1759 geführten Notizbuch sind Zwiebelpflanzen und Obstgehölze aufgeführt, die im Holländischen Garten kultiviert wurden **→ Abb. 42**.

All diese Pflanzen reichten jedoch noch nicht aus. Vor allem fehlte es an nicht winterharten tropischen Gewächsen für die Glashäuser. Da der Kaiser vor allem seltene und in Europa bisher unbekannte Pflanzen wünschte, war der Ankauf oder der Tausch mit anderen Sammlern keine Option. Auch verfügte das Haus Habsburg über keine Kolonien in Übersee, aus denen Pflanzen geordert werden konnten. Um an große Mengen exotischer und in Europa möglichst unbekannter Pflanzen zu kommen, blieb nur die Organisation von Forschungsexpeditionen. Es war wiederum der Leibarzt Maria Theresias, Gerard van Swieten, der Franz I. den Vorschlag einer Reise nach Übersee machte, um exotische Pflanzen und Tiere, dazu auch Mineralien, Münzen und kunsthandwerkliche Gegenstände für die kaiserlichen Sammlungen zu beschaffen.

↓ Abb. 43 Johann Christian Brand: Das Denkmal Kaiser Franz Stephans I. und die *Livistona chinensis* im Holländischen Garten, 1775, Albertina, Wien

↘ Abb. 44 Glashaus, Hofgärtnerhaus und Steckhoven'sches Glashaus im Holländischen Garten, aus: Alexandre de Laborde: Voyage pittoresque en Autriche, Paris 1821, Österreichische Nationalbibliothek, Wien

Forschungs-expeditionen

Im Dezember 1754 brachen zwei Landsmänner van Swietens, Nikolaus Joseph Jacquin und der schon erwähnte Ryk van der Schot, im Auftrag von Franz I. in die Karibik auf. Dies war die erste einer ganzen Reihe von Sammelreisen nach Übersee → Abb. 45. Es folgten 1783–88 eine weitere Reise in die Karibik, 1785–99 nach Südafrika und auf die Maskarenen, 1817–21 nach Brasilien, 1857–59 eine Welt-umsegelung auf der SMS *Novara* und 1859–60 erneut eine Reise nach Brasilien.[67]

Anders als bei den großen Entdeckungsfahrten der vorhergehenden Jahrhunderte existierten nun Handelsrouten, sodass den Forschungsreisenden mehr oder weniger regelmäßig verkehrende Schiffe zur Verfügung standen. Auch unterhielten die großen Handelsorganisationen an vielen Orten Niederlassungen. Mit kaiserlichen Empfehlungsschreiben versehen, fand sich Unterstützung bei örtlichen Gouverneuren; zum Teil konnte man auch auf familiäre Beziehungen zurückgreifen. Die Küstenregionen und oft bereiste Gebiete waren gut bekannt und kartographisch dokumentiert. Das Hinterland jedoch war von Europäern meist noch unerforscht. Die jahrelangen Reisen waren Abenteuer mit vielen Unbekannten und großen Gefahren.

Nikolaus Joseph Jacquin (1727–1817) wurde als Sohn eines Tuchhändlers in Leiden geboren → Abb. 46. Aufgrund finanzieller Schwierigkeiten der Familie musste er 1752 sein Medizinstudium in Paris abbrechen und kam auf Einladung Gerard van Swietens, ein alter Freund der Familie, nach Wien. Pflanzenkunde war ein wichtiges Fach in der Medizin und Jacquins Interesse an der Botanik schien während des Studiums geweckt worden zu sein. In Wien hörte Jacquin zunächst Vorlesungen an der medizinischen Fakultät, widmete sich aber vor allem als Autodidakt der österreichischen Flora und hatte dank seines Kontaktes zu van Swieten auch Zugang zum Schlossgarten Schönbrunn.

← Abb. 45 *Heliconia humilis* brachte Jacquin von der ersten Forschungsexpedition in die Karibik nach Schönbrunn, aus: N. J. Jacquin: Hortus Schoenbrunnensis, Wien 1797–1804, Österreichische Bundesgärten, Wien

↘ Abb. 46 Nikolaus Joseph Jacquin, Radierung von Jakob Adam nach einem Gemälde von Josef Keutzinger, 1784, Österreichische Nationalbibliothek, Wien

In die Planungen für eine Sammelexpedition in die Karibik wurde Jacquin vermutlich im Jänner 1754 einbezogen. Neben seinem botanischen Interesse brachte er weitere Qualifikationen mit: Er sprach fließend Französisch und Niederländisch, hatte auf mehreren karibischen Inseln Verwandte in hohen Regierungsämtern und war bereits mit dem neuen, von Carl von Linné erarbeiteten biologischen Ordnungssystem, der binären Nomenklatur, vertraut.[68]

Die Reise wurde im Laufe des Jahres 1754 intensiv vorbereitet. Jacquin traf mehrmals den Kaiser, der persönlich an den Planungen beteiligt war. In der Akademie der bildenden Künste nahm Jacquin ab März 1754 Zeichenunterricht für die Dokumentation der zu erwartenden Funde.[69]

Wenige Tage vor seiner Abreise erhielt Jacquin vom Hof schriftliche Instruktionen. Neben allgemeinen Verhaltensregeln definierte der Kaiser präzise die Aufgaben der Expeditionsteilnehmer. Dass es ihm nicht nur um den reinen Besitz ging, sondern er sich auch kenntnisreich mit den zu sammelnden Objekten auseinandersetzte, zeigen die Reiseinstruktionen aus seiner Hand: Es sollten nur solche Pflanzen gesammelt werden, die schöne und wohlriechende Blüten oder essbare Früchte haben und die in Europa noch unbekannt waren. Mit solchen, die weder schön noch geruchslos seien, wollte er dagegen seinen Garten nicht belasten. Auch für den Transport der Pflanzen erteilte er genaue Anweisungen.[70] Grundlage war eine zwei Jahre zuvor erschienene Abhandlung des französischen Juristen und Naturforschers Henri Duhamel du Monceau darüber, wie man lebende Pflanzen, Samen und Tiere am besten über das Meer transportiere.[71]

Angenehmer Zeitvertreib und lebensbedrohliche Abenteuer

Zur Seite gestellt wurde Jacquin der im Jahr zuvor aus den Niederlanden nach Schönbrunn gekommene Gärtnergeselle Ryk van der Schot. Am 9. Dezember 1754 brachen sie gemeinsam mit der Postkutsche von Schönbrunn auf. In Florenz wurde Jacquin von einem kaiserlichen Repräsentanten Geld für die Reise ausgehändigt, in Livorno stießen zwei Vogelfänger und Tierpräparatoren dazu. Die kleine Gruppe sollte nun mit einem Schiff direkt von Livorno nach Marseille segeln. Doch ein Sturm kam auf, die Masten brachen und das Schiff musste den Hafen von Toulon ansteuern. Von dort ging es mit der Postkutsche nach Marseille weiter.

Die Beschaffung der Reisegenehmigungen verzögerte die Abreise. Jacquin nutzte die Zeit, um Kontakte zum Botanischen Garten in Montpellier zu knüpfen. Erst im April 1755 konnten die Reisenden an Bord eines Schiffes Richtung Karibik den Hafen von Marseille verlassen.

Nach 69-tägiger Überfahrt in Martinique angekommen, musste das alltägliche Leben der Forschungsreisenden organisiert werden → Abb. 47. Jacquin versorgte zunächst seine kleine Reisegruppe mit wichtigen Dingen wie Hängematten, Nachttöpfen, Reitsätteln und Zaumzeug. Zu den Gegenständen des täglichen Gebrauches gehörten aber auch Perücken, Nachthauben, Tischtücher und Kleiderständer.[72] Er heuerte Diener an und kaufte Versklavte. Ohne ortskundiges Personal war ein Unterfangen wie die geplante Expedition kaum durchzuführen. Die Europäer konnten auf die bereits existierenden kolonialen Strukturen zurückgreifen und taten dies mit großer Selbstverständlichkeit.[73]

Die Vogelfänger fingen Tiere. Ryk van der Schot sammelte vor allem Pflanzen. Jacquin betätigte sich als Organisator, kaufte Pflanzen und Tiere. Über Mittelsmänner kam er in Kontakt mit der indigenen Bevölkerung und erhielt so Informationen über Kultivierung und Nutzung der Pflanzen. Jacquin blieb fast ein Jahr auf Martinique, wo man in St. Pierre eine Sammelstation eingerichtet hatte, in der Tiere und Pflanzen bis zum Weitertransport nach Europa blieben. Von vielen Pflanzen konnten jedoch nur Samen gesammelt oder Pflanzenteile getrocknet werden. Nachdem diese von Termiten gefressen worden waren, fertigte Jacquin Zeichnungen der verderblichen Gegenstände an.

Nicht nur die Sammlungen waren bedroht, sondern auch die Reisenden. So groß ihr Entdeckungsgeist war, so groß mussten ihr Durchhaltevermögen und ihre Leidensfähigkeit sein. Auf Martinique wütete das Gelbfieber, Ryk van der Schot und einer der Vogelfänger erkrankten an der gefürchteten Tropenkrankheit. Verletzungen, Durchfallerkrankungen und gesundheitliche Probleme aufgrund des ungewohnten Klimas gehörten zum Alltag. Auf der Weiterreise zwischen den karibischen Inseln wurde Jacquin mehrmals von englischen Kriegsschiffen angehalten und von Piraten überfallen. Dabei verlor er unter anderem sein Reisetagebuch.

Bereits im Februar 1756 begleitete van der Schot den ersten Transport zurück nach Europa. Darunter befanden sich 266 Gehölze, lebende Tiere wie ein Ameisenbär, ein fliegendes Eichhörnchen, Nagetiere, zahlreiche Vögel sowie zehn Kisten mit Fossilien, Muscheln, präparierten Fischen, Mineralien, Münzen, Werkzeugen und Kunsthandwerk. Bis 1759 bereisten die Forscher den karibischen Raum und schickten in insgesamt neun Transporten ihre Fundstücke mit Handelsschiffen in die Heimat. Besonderes Augenmerk musste auf die Verpackung der lebenden Pflanzen und die Versorgung der lebenden Tiere an Bord gelegt werden. Die Wurzelballen der zum Teil mannshohen Pflanzen wurden in Bananenblätter gewickelt und während der Schiffspassage immer wieder befeuchtet. Viele der lebenden Tiere überlebten die lange Reise nicht. Jacquin erreichte im März 1758 Cartagena und plante, sich von hier aus nach Europa einzuschiffen. Aufgrund der großen Menge an Pflanzen und Tieren fand er erst im Jänner 1759 in Havanna eine Schiffspassage, um mit all seinem Material nach Spanien zu kommen. Im Juli des Jahres erreichte er Wien.[74]

Abb. 47 Karte von Westindien aus der alten Hofgärtnerbibliothek, um 1750, Foto: Gianmaria Gava / Österreichische Bundesgärten, Wien

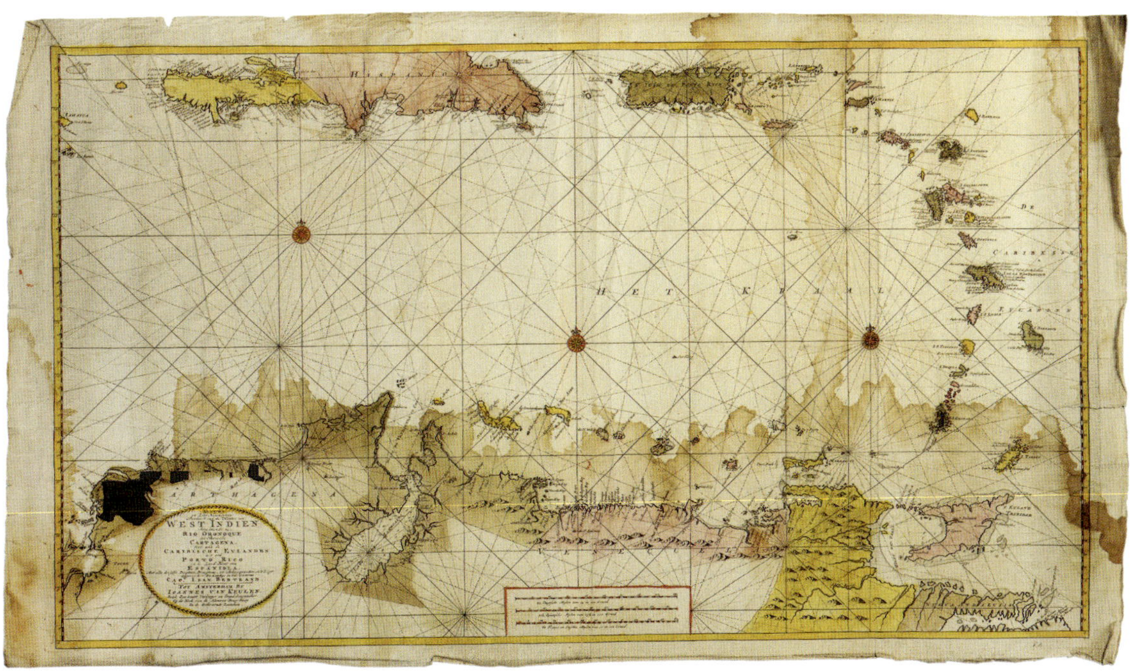

Die Früchte des Aufenthaltes

Keiner der Expeditionsteilnehmer wusste, ob er jemals wieder nach Hause kommen würde. Glücklich zurück in Wien, wurde ihnen die verdiente Anerkennung des Kaisers zuteil: Ryk van der Schot wurde 1782 in der Nachfolge von Adrian van Steckhoven Hofgärtner des Holländischen Gartens in Schönbrunn und 1789 zum Hofgarten- und Menageriedirektor ernannt.[75] Nikolaus Joseph Jacquin, der nie ein Studium abgeschlossen hatte und 1752 mittellos nach Wien gekommen war, wurde 1763 Professor für Chemie und Metallurgie an der Bergakademie in Schemnitz, 1768 für Botanik und Chemie an der Medizinischen Fakultät in Wien und erhielt damit auch den Vorstand des Botanischen Gartens der Universität. → **Abb. 48** Sechs Jahre später geadelt, wurde ihm 1792 die wissenschaftliche Leitung des Holländischen Gartens in Schönbrunn übertragen. 1809 wurde er zum Rektor der Universität Wien ernannt.[76] Nach Jacquins Tod schuf der Blumenmaler Johann Knapp ein Gemälde als Denkmal für den großen Naturforscher → **Abb. 49**.

→ Abb. 49 Johann Knapp: Huldigung an Jacquin, 1821-22, Foto: Johannes Stoll / Belvedere Wien

↓ Abb. 48 Nikolaus Joseph von Jacquin, um 1806, unbekannter Maler, Universität Wien, Historische Sammlung des Departments für Botanik und Biodiversitätsforschung

Die Neugierde ist geweckt

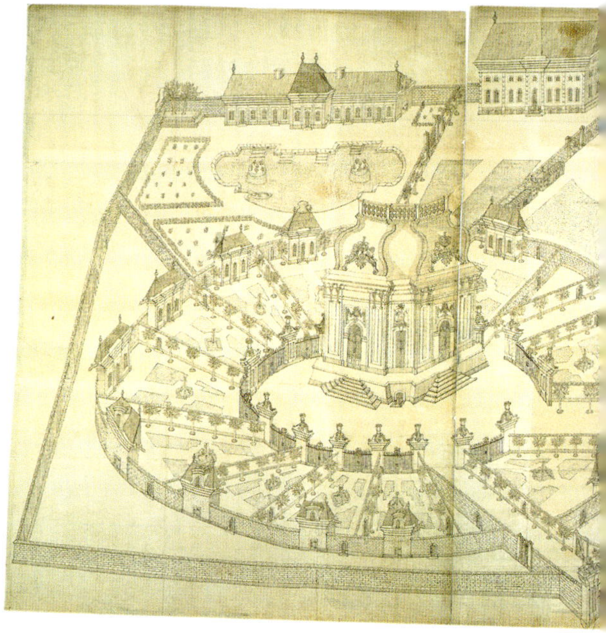

Die unerwartet große Menge der bis 1759 nach Schönbrunn gelangten Pflanzen füllte nun die neu errichteten Glashäuser des Holländischen Gartens → Abb. 50. Während die Wissenschaftler sie beschrieben und katalogisierten, bemühten sich die Gärtner um ihre Kultivierung. Zwar hatten die Expeditionsteilnehmer Standortbedingungen in der Regel gewissenhaft dokumentiert. Diese in Wien umzusetzen, erforderte jedoch großes gärtnerisches und oft auch technisches Können. Daher konnten die Pflanzen zu Beginn häufig nicht dauerhaft kultiviert und vermehrt werden.

Nach dem Tod von Franz I. führte sein ältester Sohn und Thronfolger Kaiser Joseph II. (reg. 1765–1790) das Engagement des Vaters in Bezug auf die Sammlungen weiter. Aufgrund eines Kulturfehlers ging jedoch 1780 ein großer Teil der Pflanzen in einer kalten Winternacht ein.[77] Der Verlust der Pflanzen wog schwer, sodass Joseph II. 1783 erneut eine Sammelreise in die Karibik beauftragte. Jacquin unternahm nun nicht mehr selbst die Reise, sondern plante sie für den Expeditionsleiter Franz Joseph Märter, Professor für Naturgeschichte, den Mediziner Leopold Matthias Stupicz, den Maler Bernhard Albrecht Moll sowie die Schönbrunner Gartengehilfen Franz Boos und Franz Bredemayer. Da man nun bereits wusste, welche Pflanzen man haben wollte, umfassten die Instruktionen des Kaisers eine lange Wunschliste mit Pflanzennamen.[78] Im April 1783 brach die Gruppe in Wien auf und erreichte im November Philadelphia.

Gemeinsam bereisten sie zunächst das südliche Nordamerika. Unter den Teilnehmern scheint es jedoch rasch zu Spannungen gekommen zu sein, und Stupicz und Moll verließen in Charleston die Gruppe. Bereits 1784 traf Franz Bredemayer mit lebenden Pflanzen aus dem südlichen Nordamerika und von den Bahamas in Wien ein. Er reiste umgehend wieder nach Übersee, begleitet von dem Gartengehilfen Joseph Schücht, und traf auf San Domingo den Expeditionsleiter Märter. Ende 1788 kehrten Bredemayer und Schücht endgültig mit einer großen Menge Pflanzen nach Wien zurück.[79]

Im September 1785 war der Gartengehilfe Franz Boos mit einem Pflanzentransport in Wien eingetroffen. Er hatte mit seinem Sammelerfolg und seinem

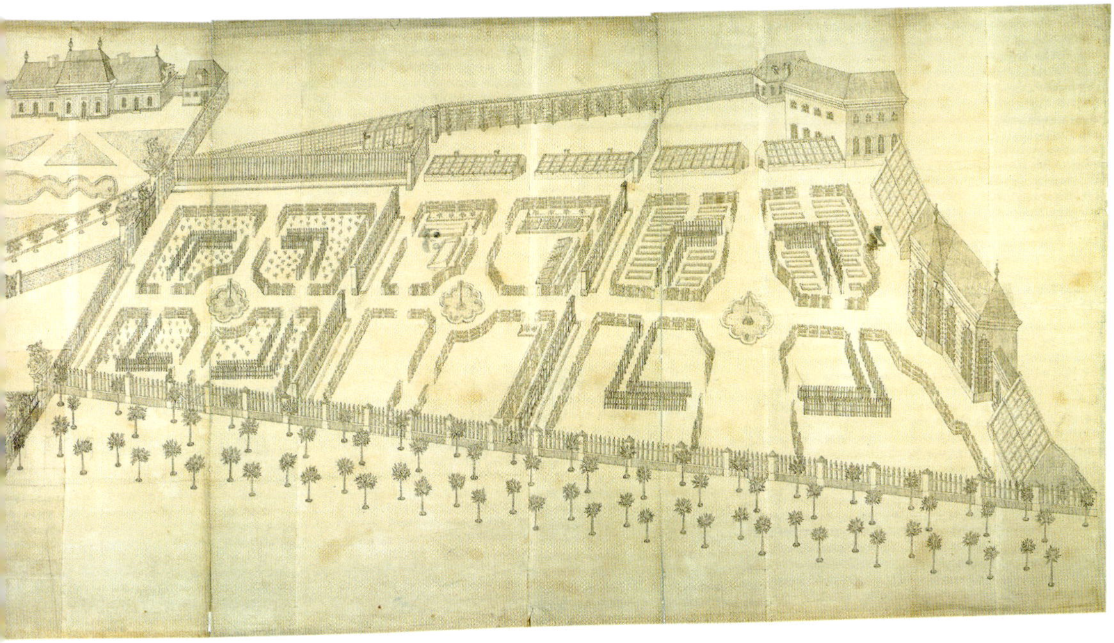

Abb. 50 Der Holländische Garten mit den Glashäusern und der südlich anschließenden Menagerie, um 1753, Albertina, Wien

besonderen Geschick beim Transport der lebenden Pflanzen auf sich aufmerksam gemacht.[80]

Kurz vor der Abreise der zweiten Karibikexpedition waren im Frühjahr 1783 Kisten mit größtenteils verdorrten Pflanzen nach Wien gelangt. Absender war Jean-Nicolas Céré, Direktor des Königlich-Botanischen Gartens auf Isle de France (Mauritius). In der französischen Kolonie wurden Pflanzen des südlichen Afrikas, der Maskareneninseln, aber auch aus Asien und sogar aus der Karibik kultiviert, um ihren Nutzen für das Mutterland zu erforschen. Der Sendung lag eine Pflanzenliste bei, die Jacquin Jahre später im Vorwort des *Hortus Schoenbrunnensis* veröffentlichte, sodass der Inhalt heute noch rekonstruiert werden kann. Der Wunsch, auch diese damals in Wien noch weitgehend unbekannten Pflanzen in den Sammlungen zu haben, war groß. Aufgrund fehlender Möglichkeiten für Reisen in den asiatischen Raum war es eine günstige Gelegenheit, Pflanzen von Mauritius aus in kaiserlichen Besitz zu bringen. Dies führte zur Vorbereitung einer dritten Expedition. Wenige Wochen nach seiner Rückkehr aus Nordamerika im Spätsommer 1785 wurde Boos mit dem Gartengehilfen Georg Scholl nach Mauritius entsandt. Auf dem Weg sollten sie Station am Kap der Guten Hoffnung machen und dort ebenfalls Pflanzen und Tiere sammeln.[81]

Die Reise ans Kap

Abb. 51 Jan Brandes: An Deck eines Schiffes der Niederländischen Ostindischen Compagnie, um 1785, Rijksmuseum, Amsterdam

Auch bei dieser dritten großen Sammelreise beinhalteten die Instruktionen für die Hofgärtner eine ausführliche, in dem Fall auf der Lieferung von Céré basierende Wunschliste von Pflanzen. Hofgärtner Ryk van der Schot gab genaue Anweisungen, wie mit den gesammelten Samen, Früchten und Pflanzen umzugehen sei. Wichtig war es, die Pflanzen in einem so guten Zustand nach Europa zu bringen, dass man sie sowohl bestimmen als auch kultivieren und vermehren konnte. Die Instruktionen des Obersthofmeisteramtes leiteten Boos und Scholl Schritt für Schritt auf ihrem Weg. Im November 1785 machten sich die beiden Gärtner auf den Weg nach Brüssel, wo sie von einem habsburgischen Beamten Pässe, Empfehlungsschreiben und Reisegeld erhielten sowie den Befehl, sich in Amsterdam einzuschiffen.

Dort waren die Schiffe der Niederländischen Ostindien-Kompanie (VOC) jedoch kurz zuvor in See gestochen, sodass Boos und Scholl bis Februar des kommenden Jahres auf die nächste Abfahrt warten mussten. Diese Zeit nutzten sie unter anderem dazu, sich einen Weinvorrat anzulegen und Gewand für die Reise zu kaufen. Am 1. Juni 1786 erreichten sie endlich das Kap der Guten Hoffnung → Abb. 51.[82]

Versehen mit kaiserlichen Empfehlungsschreiben fanden Boos und Scholl am Kap die Unterstützung des Kommandanten der VOC-Niederlassung Robert Jacob Gordon. Weil er selbst mehrere Expeditionen in das Hinterland der Kapregion durchgeführt hatte, besaß Gordon exzellente Kenntnisse von Flora und Fauna der Kapregion. → Abb. 52. In kürzester Zeit sammelten Boos und Scholl eine große Menge Pflanzen und Tiere oder kauften sie über Mittelsmänner an. Dank der zuvor durchgeführten karibischen Forschungsreisen wusste man in Schönbrunn bereits, worauf bei einem derartigen Unternehmen zu achten war. In den Instruktionen war vermerkt, dass Boos und Scholl alle Informationen, die sie über Kulturhinweise der Pflanzen bekommen konnten, notieren sollten. Ebenso sollten sie die Namen der »dortigen inwohner« für die Pflanzen und Tiere aufschreiben.[83] Die Beobachtungen, die die beiden Gärtner von den Pflanzen und den Bedingungen am Naturstandort machten, notierten sie, ebenso Hinweise auf Nutzung und Kultivierung. Indigene Bezeichnungen der Pflanzen und Tiere sind in den Pflanzenlisten, die Scholl nach Wien schickte, jedoch nicht zu finden. Zur Bestimmung der Pflanzen konnten sie vor Ort auf Fachliteratur zurückgreifen. So zitiert Scholl immer wieder aus Werken von Hermann Boerhaave, Johannes Burmann und Maarten Houttuyn, die wohl vor Ort vorhanden waren.[84] Vermutlich stammten viele Informationen auch von dem Kommandanten Robert Gordon und von anderen europäischen Forschungsreisenden.

Im Februar 1787 reiste Boos an Bord des Segelschiffes *La Pepita* unter dem Kommando von Kapitän Nicolas Baudin weiter nach Mauritius. Scholl blieb mit lebenden Pflanzen und Tieren, Samen, getrockneten Pflanzen, wertvollen Hölzern und präparierten Tieren zurück am Kap. Auf Mauritius suchte Scholl im Botanischen Garten Céré auf, um von hier weitere Pflanzen mitzunehmen. Er durchstreifte aber auch selbst die Insel auf der Suche nach weiteren seltenen Pflanzen und Tieren. Es scheint, dass neben den kaiserlichen Empfehlungsschreiben auch Boos' Persönlichkeit maßgeblich dazu beitrug, dass er von verschiedenen Seiten größtmögliche Unterstützung erhielt. Céré lobt in Briefen immer wieder seine Verlässlichkeit und sein freundliches Wesen.[85] Im Oktober 1787 besuchte Boos die benachbarte Isle Bourbon [La Réunion]. Gemeinsam mit dem einheimischen Botaniker Joseph Hubert, der sich wie Céré intensiv mit der Akklimatisation fremder Pflanzen beschäftigte, wanderte er über die gesamte Insel und sammelte Pflanzen.[86] Noch während Boos' Aufenthalt auf Mauritius plante Vizestaatskanzler Philipp von Cobenzl gemeinsam mit Céré eine mindestens zweijährige Forschungsexpedition nach Indien und China, die Kapitän Baudin und Boos durchführen sollten. Die Pflanzensammlungen in Schönbrunn würden dann alle vier Erdteile umfassen.[87] Die Reise sollte jedoch nie stattfinden.

Im Jänner 1788 erreichte Boos wieder das Kap der Guten Hoffnung an Bord der *La Pepita.* Da nur begrenzt Platz an Bord zur Verfügung stand, hatte er Teile der Sammlungen auf Mauritius zurücklassen müssen. Nach kurzem Aufenthalt wollte Boos mit Scholl und den südafrikanischen Sammlungen die Heimkehr nach Wien antreten. Scholl hatte während Boos' Abwesenheit unermüdlich das Hinterland durchforstet. Die Bestände waren daher mittlerweile so angewachsen, dass laut Kapitän Baudin die Ladekapazität seines Schiffes nicht ausreichte.[88]

Abb. 52 Robert Jacob Gordon: *Nerine humilis*, um 1777/86, Rijksmuseum, Amsterdam

Vielerlei Arten von Pelargonien

Um 1600 wurde von französischen Seefahrern eine kleine unscheinbare Knolle aus Südafrika nach Europa gebracht, die von der einheimischen Bevölkerung bei Durchfall verwendet wurde. Über Umwege kam der englische Gärtner und Botaniker John Tradescent d. Ä. an diese Knolle, pflanzte sie ein und brachte sie zum Blühen. Es war die erste Pelargonie in Europa, *Pelargonium triste*, deren eher farblose Blüten nachts duften.[89]

Heute gehören Pelargonien, eine Gattung aus der Familie der Storchschnabelgewächse (Geraniaceae), zu den beliebtesten Balkonpflanzen. In Österreich werden jährlich 14 Millionen Stück für den Verkauf produziert. Bis aus der scheinbar vertrockneten Knolle eine üppig in intensiven Farben blühende und äußerst pflegeleichte Balkonpflanze wurde, war es jedoch ein weiter Weg. In ihren hauptsächlichen Verbreitungsgebieten in Südafrika, Australien und Neuseeland kommen Pelargonien in sehr unterschiedlichen Formen vor: als krautige Pflanzen, als Sträucher, aber auch als Sukkulenten, die während des Winters ihre Blätter einziehen.[90]

Nachdem Mitte des 17. Jahrhunderts die Niederländische Ostindien-Kompanie eine Niederlassung in der Tafelbucht nahe des Kaps der Guten Hoffnung gegründet hatte, wurde der Schiffsverkehr zwischen Europa und Südafrika intensiviert. Neben Handelsreisenden gelangten nun auch Gärtner und Wissenschaftler nach Südafrika, um die bis dahin unbekannte Flora und Fauna zu erforschen. Auf diesem Weg kamen immer neue Arten von Pelargonien nach Europa.

Als Joseph II. 1785 seine beiden Hofgärtner Franz Boos und Georg Scholl nach Südafrika und Mauritius schickte, standen auf seiner Wunschliste neben vielen anderen Pflanzen auch zwölf Pelargonien → Abb. 53 und 54.[91] Mit seinem Interesse an Pelargonien war der Kaiser nicht allein. Die großen Unterschiede in Blatt- und Blütenformen der Wildarten sowie der starke Duft einiger Arten faszinierten viele Gartenenthusiasten, und in vielen europäischen Gärten entstanden umfangreiche Sammlungen. Für die Überwinterung der frostempfindlichen Pflanzen wurden eigene Pelargonienhäuser errichtet, so auch im Schlosspark Schönbrunn und im 19. Jahrhundert im Hofburggarten sowie im Augarten.

1802 hatte der französische Botaniker Georges Dumont de Courset entdeckt, dass die natürliche Kreuzung der beiden Wildarten *Pelargonium zonale* und *Pelargonium inquinans* Hybriden mit farbenprächtigen Blüten hervorbringt. In kurzer Zeit entstanden vor allem in England immer neue Hybriden. Bereits zwischen 1820 und 1830 porträtierte der englische Botaniker Robert Sweet in

Abb. 53 *Pelargonium denticulatum*, aus: N. J. Jacquin: Hortus Schoenbrunnensis, Wien 1797–1804, Österreichische Bundesgärten, Wien

← Abb. 54 *Pelargonium ovale* (*syn. Pelargonium blattarium*), aus: N. J. Jacquin: Hortus Schoenbrunnensis, 1797–1804, Österreichische Bundesgärten, Wien

↑ Abb. 55 *Pelargonium paternum*, aus: L. Trattinnick: Neue Arten von Pelargonien deutschen Ursprungs, Wien 1825–1843, Privatsammlung

einer fünfbändigen Monographie über Geraniaceae 500 verschiedene Wildarten und Hybriden, der Schwerpunkt liegt auf den Pelargonien.[92] Jede beschriebene Art ist in einem handkolorierten Kupferstich abgebildet. Auch auf dem europäischen Kontinent beschäftigte man sich intensiv mit der Züchtung von neuen Pelargonien. Wien war eines der Zentren. Der kaiserliche Beamte Jakob Klier publizierte 1826 in Wien die erste deutschsprachige *Anleitung zur Cultur der Pelargonien.* Klier besaß über 400 Pelargonien in seinem eigenen Garten, der von einem Zeitgenossen als »Pelargonien-Tempel« bezeichnet wurde.[93] Viele seiner Neuzüchtungen tragen Namen zu Ehren der kaiserlichen Familie oder des Hochadels, wie *Pelargonium augustum*, *P. josephinum* oder *P. fürstenbergianum.*[94] Der Botaniker und Kustode am Hofnaturalienkabinett Leopold Trattinnick verfasste zwischen 1825 und 1843 nach dem Vorbild von Sweet ebenfalls ein mehrbändiges Werk über Pelargonien → Abb. 55. Jakob Klier steuerte die entsprechenden Kulturanweisungen für Trattinnicks Werk bei.[95]

Immer neue Sorten entstanden in den folgenden Jahrzehnten, auch bei den seit 1827 jährlich in Wien stattfindenden Pflanzenausstellungen waren die Pelargonien zahlreich vertreten.[96] Die Hybriden mit ihren üppigen, farbenfrohen Blüten hatten mittlerweile die Wildarten weitestgehend verdrängt. Als Erzherzog Anton 1833 bei einer Pflanzenausstellung *Pelargonium schizopetalum*, eine seltene Wildart mit außergewöhnlichen Blüten, ausgestellt hatte, erhielt er dafür nicht nur den ersten Preis, sondern wurde im Ausstellungskatalog auch gesondert erwähnt.[97] Die Erzherzöge, aber auch der Kaiser (Franz II. bis zum Ende des Heiligen Römischen Reiches 1806, ab 1804 als Kaiser von Österreich Franz I.) waren begeistert von »diesen stummen Kindern der Natur«[98]. Auch der Kaiser hatte im Hofburggarten eine beeindruckende Pelargoniensammlung. Sie dürfte Mitte der 1830er Jahre eine der größten Sammlungen nicht nur in Wien gewesen sein. In einem Inventar aus dem Jahr 1834 werden 539 Arten und Sorten in insgesamt 2.793 Einzelpflanzen aufgeführt. Bei vielen handelt es sich um lokale Neuzüchtungen, die Namen von Mitgliedern des Kaiserhauses tragen. Aber auch berühmte Botaniker wie William Aiton oder Joseph Banks, Pflanzensammler wie Freiherr von Hügel, Gärtner wie Heinrich Wilhelm Schott, Kleriker wie der Bischof von Salzburg, Politiker wie der Freiherr von Metternich oder George Washington oder antike Götter wie Apollo wurden in den Hybridnamen verewigt, die bald wieder in Vergessenheit gerieten.[99] Der preußische Hofgärtner Gustav Adolph Fintelmann bezeichnete bei seinem Besuch des Pelargonienhauses im Hofburggarten im Jahr 1825 den dortigen Bestand als »eine der bedeutendsten Pelargoniensammlung, reich an Arten, aber noch reicher an Abarten [Hybriden]«.[100]

Die Pflanzen präsentierte man zunächst als Einzelexemplare in Töpfen auf Stellagen. Ab der Mitte des 19. Jahrhunderts wurden in den Beeten der Gärten immer mehr Massenpflanzungen angelegt und dafür auch die farbintensiven Pelargonien verwendet. Bei der Züchtung richtete man sich ebenso nach diesen Erfordernissen. Gedrungene Formen wurden für Massenpflanzungen verwendet, buntlaubige Sorten als Beeteinfassungen oder hängende Formen (*Pelargonium peltatum*) in Balkonkästen.[101]

In der alten Bibliothek der Hofgärtner in Schönbrunn ist eine Sammlung von Pflanzenaquarellen erhalten, in der 82 Pelargonien porträtiert sind → Abb. 56. Seit der letzten Umgestaltung des großen Parterres im Schlosspark Schönbrunn im Jahr 1903 werden im Sommer Pelargonien-Hybriden in den Beeten ausgepflanzt. Bis heute werden diese Pflanzen in der eigenen Produktion in Schönbrunn vermehrt. Auch die ursprünglich vorhandene Sammlung von Wildarten wurde in den vergangenen Jahren wiederaufgebaut und wird bei Ausstellungen der Öffentlichkeit präsentiert.

Abb. 56 ***Pelargonium distentifolium*, um 1825, Foto: Gianmaria Gava / Österreichische Bundesgärten, Wien**

AUGARTEN

Der Augarten diente bis 1918 als Reservegarten der Hofburg. Heute befinden sich hier *Canna*, Feigen, *Hibiscus* und große Solitärpflanzen der Neuholländer.

Heimkehr auf Raten

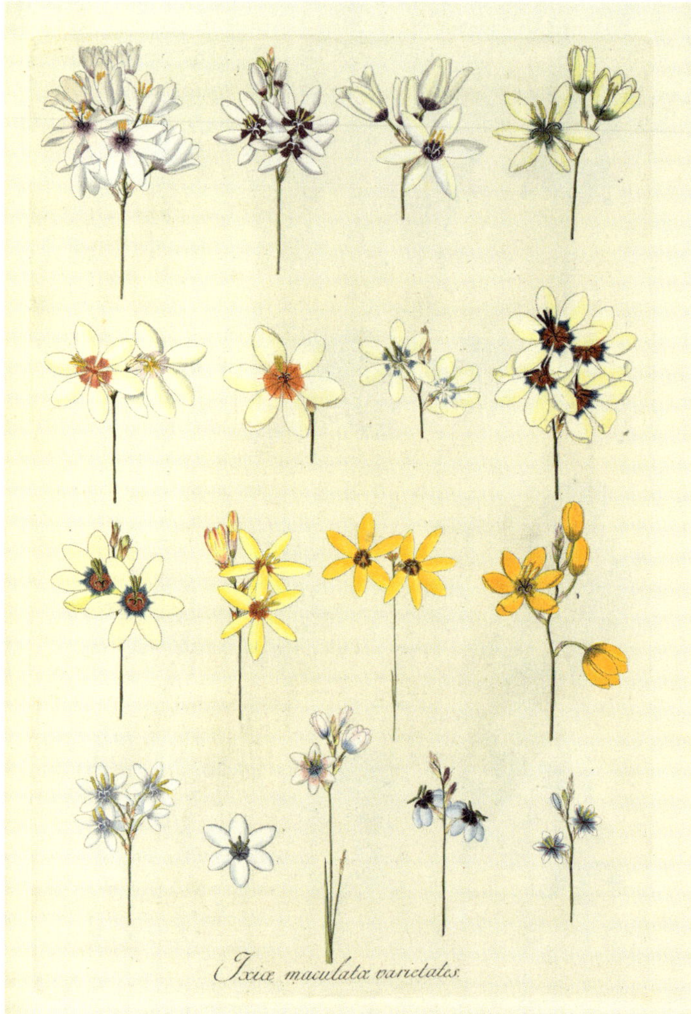

Abb. 57 Blüten von *Ixia*, aus: N. J. Jacquin: Hortus Schoenbrunnensis, 1797–1804, Österreichische Bundesgärten, Wien

Im Februar 1788 verließ Franz Boos mit Zebras, Affen, Vögeln, Kisten voller ausgestopfter Vögel und Tierhäuten sowie unzähligen Blumenzwiebeln, getrockneten und lebenden Pflanzen sowie Samen an Bord der *La Pepita* das Kap der Guten Hoffnung mit dem Ziel Triest und kam im Juni 1788 in Schönbrunn an. Unverzüglich überbrachte Vizestaatskanzler Cobenzl dem Kaiser die freudige Nachricht von der glücklichen Rückkehr.[102]

Georg Scholl blieb am Kap zurück und kümmerte sich um die verbliebenen Teile der Sammlung. Er sollte mit der nächsten Gelegenheit nach Wien zurückkehren, doch politische Umstände wie Unruhen in den Österreichischen Niederlanden oder der Ausbruch der Französischen Revolution machten es lange Zeit unmöglich, für ihn eine Schiffspassage zu organisieren. Auch die Menge der Aufsammlungen war mittlerweile zu einem Problem geworden, da für den Transport die gesamte Ladekapazität eines Schiffes benötigt wurde.

Währenddessen unternahm Scholl weiterhin Expeditionen in das Hinterland, sammelte weiter und schickte regelmäßig Briefe, Samen und Blumenzwiebeln nach Schönbrunn → Abb. 57 und 58. Für die Kultivierung der Samen gab Scholl immer wieder genaue Hinweise, wie in einem Brief im Juni 1794 über die Kultur von *Protea* und *Erica*: »Waß die Behandlung von Protea und Erica angeht, so müssen sie absolement magerer Erde von einem hohen Berg hollen laßen, worin Sie die Saamen ansähen, und einen Kasten dazu machen, der gegen Norden zu, die Fenster hat, da die Erica keine Sonne vertragen können, auch die meerste [meisten] Erica Saamen erst im zweiden Jahr aufgehen, so daß sie die Geschirre [Pflanzgefäße] vor der Zeit nicht auflassen, wenn auch der Mos darauf gewachsen ist.«[103]

Anhand seines akkurat geführten Rechnungsbuches sind viele Details aus seinem täglichen Leben sowie besondere Ereignisse und Kontakte nachvollziehbar. So rechnete er im Dezember 1790 eine Reise ins Hinterland ab, die er gemeinsam mit dem im Auftrag von Kew Gardens sammelnden schottischen Botaniker Francis Masson durchgeführt hatte.[104]

Zwischenzeitlich hatte Kapitän Baudin die Idee einer Reise nach China weiterverfolgt, dem Kaiserhaus Möglichkeiten für eine Handelsroute dorthin nahegebracht und immer wieder darauf hingewiesen, dass man auf diesem Wege auch Georg Scholl nach Wien zurückholen könne → Abb. 59.[105] Ende Dezember 1791 unterbreitete Baudin sein Angebot, Scholl mit der Pflanzen- und Naturaliensammlung auf der Fregatte *Jardinière* vom Kap nach Triest zu transportieren. Er plante, im März 1792 in Triest aufzubrechen und spätestens nach acht Monaten wieder zurück zu sein. Außerdem versprach er, dass das Schiff exklusiv für den Kaiser zur Verfügung stehe und daher die gesamte Sammlung vom Kap sowie die auf Mauritius zurückgelassenen Aufsammlungen mitgenommen werden könnten, er Pflanzen und Naturalien fachgerecht verstauen und auch für ausreichend Frischwasser zum Gießen der Pflanzen sorgen würde. Er wollte die gesamten Kosten übernehmen und forderte eine Vergütung von 40.000 Gulden nach der erfolgreichen Ankunft in Triest.[106] Allein vier der zu transportierenden Pflanzen, nämlich Muskatnuss, Gewürznelkenbaum, Kampferbaum sowie Brotfruchtbaum, hätten, so Baudin, aufgrund ihrer Seltenheit den Gegenwert der Transportkosten. Niemals würde die Regierung der französischen Kolonien einem Ausländer diese Pflanzen anvertrauen, außer ihm.[107]

Anfang Mai 1792 verließ Baudin mit seinem Schiff *Jardinière* III unter österreichischer Flagge den Hafen von Triest, an Bord befanden sich zur Unterstützung des Pflanzentransportes der Schönbrunner Gärtner Franz Bredemayer und der Gärtner im Universitätsgarten am Rennweg Joseph van der Schot.

Im Hafen von Malaga wollte Baudin auf weitere Anweisungen des kaiserlichen Hofes warten. Tatsächlich verhandelte er mit französischen Revolutionären um das Recht, unter französischer Flagge zu fahren, während er nach Wien Briefe mit abenteuerlichen Geschichten schickte, warum er im Hafen von Malaga festgehalten werde. Als er Anfang Oktober 1792 von Malaga aus endlich in See stach, hatten Bredemayer und van der Schot die *Jardinière* III längst verlassen

Abb. 58 ***Arctotis pannucea*, aus: N. J. Jacquin: Hortus Schoenbrunnensis, 1797–1804, Österreichische Bundesgärten, Wien**

und befanden sich unverrichteter Dinge auf dem Rückweg nach Wien.[108] Baudin gab vor, zunächst nach Ostasien zu segeln und auf dem Rückweg Scholl und die Sammlungen in Südafrika abzuholen. Im April 1794 lief die *Jardinière* auf dem Rückweg von Ostasien vor Kap Agulhas östlich des Kaps der Guten Hoffnung auf Grund. Scholl beschreibt in einem langen Brief an Boos die undurchsichtigen Machenschaften des Kapitäns. Offenbar waren nicht Kuriositäten für den Kaiser an Bord gewesen, sondern 200 versklavte Menschen aus Mosambik, die Baudin an der westafrikanischen Küste verkaufen wollte. Um diesen Menschenhandel zu vertuschen, hatte er, so Scholl, das Schiff auf Grund laufen lassen.[109]

Für Scholl sollte sich lange keine neue Möglichkeit zur Rückreise nach Europa bieten. In seinen Briefen an Boos beschreibt er ausführlich, wie die übersandten Samen zu behandeln seien, um sie zum Keimen zu bringen, und welche Kulturbedingungen die Pflanzen benötigten. Er berichtete über seinen Alltag und dass seine Gesundheit unter der schweren Arbeit leide.[110] Im April 1799 konnte Scholl endlich selbst an Bord eines englischen Schiffes gehen. Im Oktober 1799 gelangte er nach 14-jähriger Abwesenheit zurück in seine Heimat. Einen großen Teil seiner Sammlungen hatte er wegen Platzmangels zurücklassen müssen.[111]

Abb. 59 Nicolas-Martin Petit: Porträt des Kommandanten Nicolas Baudin, um 1802, Mitchell Library, State Library of New South Wales

Umbauten

In der Zwischenzeit hatten in Schönbrunn größere Veränderungen stattgefunden. Die vorhandenen Glashäuser im Holländischen Garten konnten die große Menge Pflanzen, die die Forschungsreisenden aus der Karibik, Nord- und Südamerika nach Wien gebracht hatten, kaum fassen. Die niedrigen Seitenflügel des Steckhoven'schen Glashauses wurden abgerissen und neu errichtet. Vor allem aber mussten Flächen für die Pflanzung der aus Philadelphia, New Jersey und South Carolina mitgebrachten frostfesten Gehölze geschaffen werden. Auf einem 1788 von der Gemeinde Hiet-

zing erworbenen Grundstück wurden westlich des Holländischen Gartens die neuen Gehölze in Reihen gesetzt, um ihre Verträglichkeit mit dem Wiener Klima beobachten zu können.[112] Am nördlichen Rand dieses Arboretums wurde im Folgejahr eine nach Süden ausgerichtete Anlage – ein großes und davor zwei kleinere Gewächshäuser – errichtet. Sämtliche Warmhäuser waren mit Rauchkanalheizungen ausgestattet, zusätzlich standen Pflanzen mit einem höheren Wärmebedürfnis in Lohbeeten.

Für die nach Schönbrunn gekommenen Cap-Pflanzen reichte der Platz nicht aus. Daher wurden die entlang der westlichen Begrenzung des Holländischen Gartens stehenden kleineren Gewächshäuser abgetragen und an dieser Stelle das etwa 74 Meter lange Caphaus errichtet, das ebenfalls mit einer Rauchkanalheizung ausgestattet war. Die Aufstellung der Pflanzen erfolgte in Töpfen auf Stellagen → Abb. 60.[113] Zwischen 1801 und 1817 wurden die südlich angrenzenden Grundstücke, zwischen Menagerie und Maxingstraße, ebenfalls angekauft, und das Arboretum wurde um diese Fläche vergrößert.

Abb. 60 Im Caphaus, aus: Alexandre de Laborde: Voyage pittoresque en Autriche, Paris 1821, Österreichische Nationalbibliothek, Wien

Alexander von Humboldt

Die erfolgreichen Forschungsreisen weckten das Interesse anderer Wissenschaftler und Gärtner. Bereits im Herbst 1792 hatte sich Alexander von Humboldt in Wien mit Nikolaus Joseph von Jacquin getroffen.[114] Im August 1797 hielten er und sein Bruder Wilhelm sich abermals in Wien auf. Alexander von Humboldt traf Franz Boos sowie die Söhne der Reisenden der ersten Forschungsexpedition in die Karibik, Nikolaus Joseph von Jacquin und Joseph van der Schot. Humboldt plante zu diesem Zeitpunkt seine Amerikareise und hoffte, von den Erfahrungen der Schönbrunner Gärtner profitieren zu können. In einem Brief berichtet er begeistert einem Freund, dass er die Zusicherung habe, dass Joseph van der Schot, Aufseher des Botanischen Gartens der Universität am Rennweg, im Auftrag des Kaisers mit ihm eine gemeinsame Expedition unternehmen werde.[115] Im Oktober 1797 reiste Humboldt weiter nach Salzburg. Sein Begleiter bei seiner Südamerikareise von 1799–1804 wurde nicht van der Schot, sondern Aimé Bonpland, doch Humboldt blieb weiterhin in Briefkontakt mit den Schönbrunner Gärtnern.[116]

Die Ordnung der Welt

Die immer größer werdende Vielfalt an Pflanzen erforderte neue Ordnungssysteme. In den Kunst- und Wunderkammern nahmen die Objekte zunächst keine festen Plätze ein, sondern waren immer wieder in neuen Funktionszusammenhängen zu sehen. Erst durch die Trennung nach Materialien entstand ab dem Ende des 17. Jahrhunderts allmählich eine neue Ordnung, die von sachlichen Zusammenhängen bestimmt war.[117]

Im 18. Jahrhundert fand dieser Wunsch nach Ordnung – nach einer Ordnung der Welt – ihren Höhepunkt in der Erarbeitung von Lexika und Enzyklopädien. Die ersten Lexika waren in der Regel auf Wissenschaft und Künste beschränkt, wie zum Beispiel die 1728 von Ephraim Chambers herausgegebene zweibändige *Cyclopaedia or an Universal Dictionary of Arts and Sciences* oder das von 1732 bis 1754 in 68 Bänden erschienene *Universallexikon aller Wissenschaften und Künste* des Buchhändlers und Verlegers Johann Heinrich Zedler. Einen wesentlich umfassenderen Ansatz verfolgten die Franzosen Denis Diderot und Jean Baptiste Le Rond d'Alembert. Sie wollten das gesamte Wissen und Können der Menschheit zusammenstellen. Zwischen 1751 und 1772 erschien die *Encyclopédie ou Dictionnaire raisonné des sciences, des arts et des métiers* mit 17 Text- und elf Tafelbänden.

Im Kontext dieser Enzyklopädien, in denen das gesamte damalige Wissen geordnet dem Leser dargeboten wird, sind die Botanischen Sammlungen des Kaiserhauses zu sehen. Eingefriedet von einer Mauer, waren im Holländischen Garten die Pflanzen geordnet von Zwiebelpflanzen über Gemüse bis zum Obst, von heimischen bis zu tropischen Pflanzen. Im Gegensatz zum Botanischen Garten an der Universität erfolgte die Bepflanzung in Schönbrunn nicht nach einer rein wissenschaftlich-systematischen Ordnung, sondern Nutzen, Kultivierung, Seltenheit und Kostbarkeit der Pflanzen waren hier leitende Prinzipien. Der Verleger und Publizist Joseph Oehler bezeichnete 1805 den Holländischen Garten als »botanische Schatzkammer, als ein wahrhaft kaiserliches lebendiges Pflanzenkabinett«.[118] Und so wie das Wissen um die Pflanzen immer größer wurde, musste auch der Holländische Garten fortlaufend erweitert werden.[119]

Ab 1765 waren die naturkundlichen Sammlungen in der Hofburg schrittweise geöffnet worden, und durch gedruckte Kataloge sollten die Bestände für die Öffentlichkeit erschlossen werden. Die Erstellung der Kataloge sollte sich jedoch über viele Jahre hinziehen.[120] Die Botanischen Sammlungen im Schlosspark Schönbrunn waren zwar nicht für das allgemeine Publikum geöffnet, aber auch hier sollte ein Katalog erstellt wer-

Abb. 61 ***Philodendron pinnatifidum*** **brachte Franz Bredemayer 1789 aus der Provinz Caracas, Venezuela, nach Schönbrunn, aus: N. J. Jacquin: Hortus Schoenbrunnensis, 1797–1804, Österreichische Bundesgärten, Wien**

den. Voraussetzung war die korrekte Bestimmung der Pflanzen, die dann in Listen erfasst werden konnten. Die Pflanzen selbst waren mit Nummern versehen, sodass das bereits vorhandene Wissen dokumentiert war. Diese Verzeichnisse scheinen nach dem Tod Ryk van der Schots im Jahr 1790 verlorengegangen zu sein.[121] Daher wurde Nikolaus Joseph von Jacquin als wissenschaftlicher Leiter von Joseph II. 1791 beauftragt, ein Inventar zu erstellen. Doch legte er kein Inventar vor, sondern botanische Beschreibungen und Illustrationen der selteneren Pflanzen in den kaiserlichen Gärten in Schönbrunn, die zwischen 1797 und 1804 in vier Bänden erschienen → **Abb. 138**. In dem Foliowerk ist nur ein kleiner Teil der aus der Karibik und aus Südafrika nach Schönbrunn gebrachten exotischen Pflanzen aufgeführt. Jede beschriebene Pflanze ist in einem ganzseitigen, kolorierten Kupferstich abgebildet → **Abb. 61 und 62**.[122] Waren bis zu Jacquins Publikation die Botanischen Sammlungen eher das Privatvergnügen des Kaisers, wurden sie nun erstmals der Öffentlichkeit präsentiert und der Wissenschaft in ganz Europa zugänglich gemacht.

Das erste erhaltene, vollständige Inventar stammt aus dem Jahr 1799. Hofgartendirektor Franz Boos hatte das 97 Blatt umfassende Manuskript mit dem Titel *Verzeichniss der gesamten in dem Kais. Königl. Holländischbotanischen Hoffgarten zu Schönbrun befindlichen Gewächse und Pflanzen* erstellt. Alphabetisch geordnet nach den botanischen Bezeichnungen sind die Pflanzen mit ihrer Herkunft aufgelistet. Im Mai 1808 kündigte Boos in einem Bericht über Verbesserungsmöglichkeiten in den Hofgärten an, dass er auf Wunsch des Publikums einen systematischen Katalog der Pflanzen des Holländischen Gartens zusammenstellen werde.[123] Doch das gedruckte Verzeichnis, in handlichem Taschenformat mit durchlaufender Nummerierung, publizierte erst 1816 sein Sohn, Hofgartenassistent Joseph Boos → **Abb. 63**.[124]

In den folgenden Jahren erschienen immer wieder handschriftliche und gedruckte Verzeichnisse der im Holländischen Garten kultivierten Pflanzen. Das letzte umfassende handschriftliche Inventar verfasste 1897 Hofgartengehilfe Carl Diesner.[125] Seit 2017 werden die Pflanzeninventare der Botanischen Sammlungen der Österreichischen Bundesgärten in einer elektronischen Datenbank geführt.

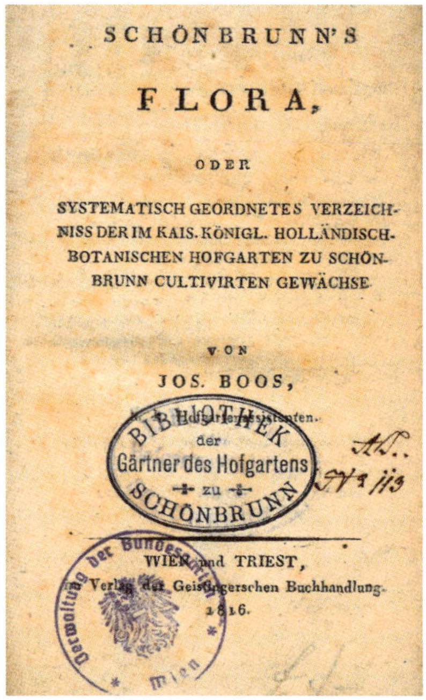
SCHÖNBRUNN'S

FLORA,

ODER

SYSTEMATISCH GEORDNETES VERZEICHNISS DER IM KAIS. KÖNIGL. HOLLÄNDISCH-BOTANISCHEN HOFGARTEN ZU SCHÖNBRUNN CULTIVIRTEN GEWÄCHSE

VON

JOS. BOOS,

WIEN und TRIEST,
im Verlag der Geistingerschen Buchhandlung.
1816.

Abb. 63 Joseph Boos: Schönbrunn's Flora, Wien 1816, Österreichische Bundesgärten, Wien

Abb. 62 *Ravenala madagascariensis* (Baum der Reisenden) brachte Franz Boos 1788 aus dem Königlichen Botanischen Garten auf Mauritius nach Schönbrunn, aus: N. J. Jacquin: Hortus Schoenbrunnensis, 1797–1804, Österreichische Bundesgärten, Wien

Abbildungen von außereuropäischen Pflanzen aus den kaiserlichen Gärten in Wien

H. Walter Lack

Der Wunsch, Neues, Seltenes, Bemerkenswertes in geeigneter Form festzuhalten, wohnt den Menschen inne. Dies gilt auch für Pflanzen, und zwar bis heute. Kein Botaniker, kein Gärtner kann sich sicher sein, ob er die Gelegenheit hat, eine Rarität ein zweites Mal zu beobachten. Dies trifft für vergangene Jahrhunderte in noch viel stärkerem Maße zu, weil ungleich mehr Pflanzen für Botaniker und Gärtner noch völlig unbekannt waren. Vor der Erfindung der Fotografie waren Zeichnung und Wasserfarbenmalerei der einzige Weg, zum Zweck der Dokumentation Pflanzen im Bild festzuhalten. Die Anfertigung naturgetreuer Pflanzenabbildungen, etwa zur Erstellung des Inventars eines Gartens oder Gewächshauses, ist jedoch nur dann für wissenschaftliche Zwecke brauchbar, wenn die Resultate all jene Merkmale zeigen, die zur Festlegung des wissenschaftlichen Namens der betreffenden Pflanze durch einen Botaniker notwendig sind. Die strengen Kriterien, die eine Pflanzenabbildung in diesem Zusammenhang erfüllen muss, haben zur Konsequenz, dass diese wissenschaftlichen Bilder in der Regel nur von Spezialisten, meist in Abstimmung mit Botanikern, angefertigt werden.

Aus den kaiserlichen Gärten in Wien sind zahlreiche Pflanzenillustrationen erhalten. Man könnte meinen, es gäbe einen Ort, an dem alle diese Belege, Illustrationen, Beschreibungen und Inventare zentral aufbewahrt werden. Dies ist keineswegs der Fall, vielmehr sind diese Materialien weit verstreut, auch wenn wesentlich mehr in Wien vorhanden sind als anderswo. Die bei Weitem wichtigsten Aufbewahrungsorte für die gedruckten wie ungedruckten Pflanzenillustrationen sind die Österreichische Nationalbibliothek und das Naturhistorische Museum Wien. Es befindet sich aber auch eine bedeutende, weil gut dokumentierte Sammlung in der Staatsbibliothek zu Berlin.

Johann Jakob Well und Franz Scheidl

Die älteste bisher bekannte Abbildung einer im Holländischen Garten in Schönbrunn kultivierten Pflanze enthält die *Phytanthologia Eikonike*, eine in der Österreichischen Nationalbibliothek aufbewahrten Handschrift.[126] Der Band ist vor 1768 entstanden, dargestellt ist ein blühender Zweig des aus Asien stammenden Echten Jasmins (*Jasminum officinale* L.), versehen mit dem Vermerk »Specimen hoc ex horto caesareo qui hortus sub cura Dni. Van der Schott, Hortulani et Botanici non vulgaris copiosis et elegantissimis ut et rarioribus plantis exoticis ornatur« [Dieser Beleg stammt aus dem kaiserlichen Garten in Schönbrunn, der unter der Aufsicht von Herrn Van der Schott, eines ungewöhnlichen Gärtners und Botanikers, durch zahlreiche, seltenere, sehr schöne und exotische Pflanzen geschmückt wird]. Wahrscheinlich wurde die Wasserfarbenmalerei von Franz Scheidl (tätig um 1765 – 1795) für Johann Jakob Well (1725 – 1787), Professor für Naturgeschichte an der Universität Wien und Inhaber der Apotheke *Zum schwarzen Bären* im heutigen ersten Wiener Gemeindebezirk, angefertigt.

Abb. 64 ***Crinum variabile*** **(Jacq.) Herb. Kolorierter Kupferstich nach J. Scharf, aus: N. J. Jacquin: Hortus Schoenbrunnensis, 1797–1804, Österreichische Bundesgärten, Wien**

Nikolaus Joseph Freiherr von Jacquin, Joseph Scharf und Martin Sedelmayer

Nikolaus Joseph Freiherr von Jacquin hat ein ungewöhnlich umfangreiches und zudem abbildungsreiches wissenschaftliches Œuvre hinterlassen, das ihm zu Recht den Namen eines »österreichischen Linné [Carolus Linnaeus, 1707 – 1778]« eingebracht hat. Eines seiner Werke ist den Pflanzen des Holländischen Gartens gewidmet. Unter dem Titel *Plantarum rariorum horti caesarei Schönbrunnensis descriptiones et icones* [Beschreibungen und Abbildungen der selteneren Pflanzen des kaiserlichen Gartens von Schönbrunn] erschien es in vier Bänden von 1797 bis 1804.[127] In lockerer Reihenfolge stellt Jacquin in Bild und Text Blütenpflanzen vor, die er als bemerkenswert oder als für die Wissenschaft neu ansah. Eine Ordnung strebt er dabei nicht an – weder nach den verwandtschaftlichen Zusammenhängen noch nach der geographischen Herkunft der einzelnen Pflanzen → Abb. 64. Das Prachtwerk ist das Ergebnis einer Zusammenarbeit zwischen dem Autor, den Pflanzenillustratoren Johann Scharf (1765 – 1794) und Martin Sedelmayer (1766 – 1799), den namentlich unbekannten Stechern, Druckern und Koloristen sowie dem Wiener Verleger Christian Friedrich Wappler (1741 – 1807).

Jacquin hat sich jedoch nicht nur in diesem Werk mit den in Schönbrunn kultivierten Pflanzen beschäftigt. In mindestens zwei weiteren Veröffentlichungen weist er im Vorwort darauf hin, dass der Holländische Garten einer der Lieferanten des beschriebenen Pflanzenmaterials war. Es sind dies seine *Icones plantarum rariorum* [Abbildungen seltenerer Pflanzen], in Wien mit insgesamt 649 kolorierten Kupferstichen von 1781 – 1795 erschienen, und seine *Fragmenta botanica*, ebenfalls in Wien mit 138 Kupferstichen von 1800 – 1809 verlegt.[128] An den *Icones* waren als Pflanzenillustratoren Joseph Hofbauer (tätig um 1785), Franz Bauer (1758 – 1840), Ferdinand Bauer (1760 – 1826) und wiederum Scharf beteiligt. Wer die Aquarelle für die *Fragmenta* angefertigt hat, ist unbekannt.

Abb. 65 ***Phaius tankervilleae*** **(Banks) Blume. Wasserfarbenmalerei von J. Jebmeyer, undatiert, Österreichische Nationalbibliothek, Wien**

Kaiser Franz II. (I.), Mathias Schmutzer, Johann Jebmayer und Franz Xaver Gruber

Das Interesse der Habsburger an der Botanik zieht sich wie ein roter Faden durch ihre Geschichte. So fand Kaiser Franz' II./I. Neigung zur Botanik unter anderem ihren Ausdruck in der Ernennung von Mathias Schmutzer (1752 – 1824) zum »k. k. Hof-Botanik-Mahler und Hofzeichenmeister« mit dem Auftrag, Pflanzen aus den kaiserlichen Gärten im Bild festzuhalten.[129] Zwei Aspekte dieser Dokumentation sind von besonderem Interesse: Erhalten blieben nicht nur die ausgearbeiteten Blätter in der Österreichischen Nationalbibliothek, sondern auch die Vorarbeiten in der Staatsbibliothek in Berlin (teilweise in der Biblioteka Jagiellońska in Krakau gelagert), was einen Einblick in den Arbeitsprozess Schmutzers gestattet. Zweitens enthalten viele Vorarbeiten eine Fülle von Anmerkungen, die auf den ausgearbeiteten Fassungen fehlen, nämlich Orts- und Datumsangaben.

Nach dem Tode Schmutzers führte sein Nachfolger Johann Jebmayer (1770 – 1858) die von ihm begonnene Bilddokumentation bis in die Regierungszeit von Ferdinand I. weiter

→ Abb. 65. Die Ergebnisse werden in der Österreichischen Nationalbibliothek aufbewahrt. Ausschließlich tropischen Orchideen ist eine Serie großformatiger Aquarelle von Franz Xaver Gruber (1801–1862) gewidmet, die den Titel *Orchideae Schoenbrunnenses 1847* trägt und sich ebenfalls in der Österreichischen Nationalbibliothek befindet.

Erzherzog Anton und Johann Knapp

Erzherzog Anton (1779–1835) stand zeitlebens im Schatten seines ältesten Bruders, des Kaisers Franz II./I. Verbunden waren sie durch ihre ausgeprägten botanischen Interessen. Der Erzherzog besaß unter anderem in Schönbrunn einen eigenen Garten mit einer Pflanzensammlung, und wie sein Bruder beschäftigte er einen Pflanzenillustrator, der eine Auswahl seiner Raritäten dokumentierte. Die bisher der Forschung gänzlich unbekannten *Icones plantarum rariorum horti Archiducis Austriae Antonii* [Abbildungen der selteneren Pflanzen des Gartens von Erzherzog Anton von Österreich], eine großformatige illuminierte Handschrift, die in der Österreichischen Nationalbibliothek aufbewahrt wird, dokumentieren diese Sammlung.[130] Das Werk umfasst drei Bände und ist das Ergebnis der Zusammenarbeit dreier Personen: Die 302 Pflanzenillustrationen schuf Johann Knapp (1778–1833), die Texte verfasste Hofgartendirektor Franz Bredemayer (1758-1839), geschrieben hat sie wohl ein namentlich unbekannter Kalligraph → Abb. 66.

Abb. 66 ***Kalanchoe pinnata*** **(Lam.) Pers. Wasserfarbenmalerei von J. Knapp, um 1820, aus: F. Bredemayer, J. Knapp: Icones plantarum rariorum horti archiducis Austriae Antonii, Österreichische Nationalbibliothek, Wien**

Heinrich Wilhelm Schott

Auf den Wiener Kongress 1814/15 folgte weltweit eine lange Friedensperiode. Sie führte auch zu einem nie dagewesenen Zustrom von unbekannten Pflanzen in Gärten und Herbarien. Die wissenschaftliche Auseinandersetzung mit den Mengen an neuen Pflanzen bedingte eine weitgehende Spezialisierung sehr vieler Botaniker, die sich nun auf die Untersuchung einzelner Pflanzenfamilien fokussierten. Einer von ihnen war der Schönbrunner Hofgärtner und spätere Hofgartendirektor Heinrich Wilhelm Schott (1794–1865), der sich auf das Studium der Aronstabgewächse konzentrierte und so zum ersten Arologen wurde. Schott hatte ab 1817 an der Forschungsexpedition nach Brasilien teilgenommen und veröffentlichte während dreier Jahrzehnte über die überwiegend tropischen Vertreter der oben genannten Familie. Als Ergänzung zu gepresstem und getrockne-

Abb. 67 *Philodendron lindenii* Schott.
Teilkolorierte Graphitstiftzeichnung, undatiert,
Naturhistorisches Museum, Wien

tem Herbarmaterial beauftragte Schott mehrere Pflanzenillustratoren mit der Anfertigung zahlreicher Abbildungen, was ihm Kosten in der Höhe von 16.000 Gulden verursachte. Zusammen mit gedruckten sowie per Hand kopierten Illustrationen entstand so ein Amalgam an für die Forschung unverzichtbaren Abbildungen von Aronstabgewächsen. Kaiser Franz Joseph I. ließ den Bestand von Schotts Erben ankaufen; er wird heute im Naturhistorischen Museum Wien aufbewahrt **→ Abb. 67**.

Heinrich Wawra Ritter von Fernsee und Joseph Seboth

Erzherzog Maximilian (1832–1867) reiste ab Mitte November 1859 von Pola (heute Pula, Kroatien) an Bord des Schiffs *Elisabeth* nach Brasilien. Ähnlich seinem Großvater Franz II./I. zeigte auch Maximilian botanische Interessen und hatte veranlasst, dass Franz Maly (1832–1891), Gärtner in Schönbrunn, ihn auf der Reise begleiten sollte, um lebende Pflanzen zu sammeln. Die Exkursion dauerte nur wenige Wochen und führte entlang der Küste in das Gebiet der heutigen Bundesstaaten Bahia, Rio de Janeiro und Pernambuco. Die Ausbeute bestand aus 785 Herbarexemplaren und unzähligen lebenden Pflanzen, welche vier Gewächshäuser in Schönbrunn füllten. Dem Schiffsarzt Heinrich Wawra (1831–1881) wurde die wissenschaftliche Veröffentlichung übertragen. Joseph Seboth (1816–1883) schuf die Abbildungen nach den in Schönbrunn kultivierten Pflanzen **→ Abb. 68**. Zusammen mit dem Text von Wawra erschienen die von Seboth geschaffenen Arbeiten als großformatige Farblithographien im August 1866 in Wien.[131]

Abb. 68 ***Adenocalymma imperatoris-maximilianii*** **(Wawra) L. G. Lohmann. Lithographie nach J. Seboth, aus: H. Wawra: Botanische Ergebnisse der Reise seiner Majestät des Kaisers von Mexico Maximilian I. nach Brasilien (1859–60), Wien 1866, Österreichische Bundesgärten, Wien**

Johann Joseph Peyritsch und Wenzel Liepoldt

Die auf seiner Brasilienreise von Erzherzog Maximilian gesammelten Aronstabgewächse sollten in einem getrennten Band mit Beschreibungen von Schott veröffentlicht werden. Dieses Vorhaben zog sich über Jahre hin. Schott hatte die Herstellung der Abbildungen nach den in Schönbrunn in Kultur befindlichen Arten durch Wenzel Liepoldt (1841–1901) in Auftrag gegeben, mehrere Vorarbeiten veröffentlicht, war aber über der Fertigstellung des umfangreichen Manuskripts verstorben. Erst 1879, mehr als ein Jahrzehnt nach Schotts Tod, entschied die Kabinettskanzlei von Franz Joseph I., das Werk *Aroideae Maximilianae* erscheinen zu lassen, wobei man die letzten Arbeiten Johann

Josef Peyritsch (1835–1889), dem zweiten Kustos an der Botanischen Abteilung des k. k. Naturhistorischen Hof-Museums, übertrug → **Abb. 69.**[132]

Franz Antoine der Jüngere

Auch Schotts Nachfolger als Hofgartendirektor, Franz Antoine der Jüngere (1815–1886), publizierte mehrere Werke über die Hofgärten. Eines seiner Spezialgebiete waren die Bromeliengewächse, denen er sein mit 35 teilweise kolorierten Lithographien illustriertes Werk *Phyto-Iconographie der Bromeliaceen des kaiserlich königlichen Hofburg-Gartens in Wien* widmete. Der großformatige Band erschien in Wien im Jahr 1884 → **Abb. 70.**[133] Allen Lithographien liegen von Antoine selbst angefertigte Abbildungen zugrunde. 111 weitere Abbildungen blieben ungedruckt und werden als bis heute unbearbeitetes Konvolut in der Österreichischen Nationalbibliothek aufbewahrt.

Fazit

So beeindruckend die Quantität und Qualität der Pflanzenillustrationen auch ist, welche das Inventar der kaiserlichen Gärten an ihren verschiedenen Standorten über einen Zeitraum von weit über hundert Jahren dokumentieren, so nimmt Wien damit allein doch keine Sonderstellung ein. Aber es gibt nur wenige Orte mit einer ähnlich langen oder noch längeren derartigen Tradition. Einer davon ist Paris, wo die Raritäten und Novitäten des Jardin du Roy, nach der französischen Revolution Jardin des Plantes genannt, bereits ab dem Jahr 1630 und wie in Wien bis ins späte 19. Jahrhundert in großformatigen Abbildungen festgehalten wurden. In einem wesentlichen Punkt unterscheidet sich das in den kaiserlichen Gärten in Wien kultivierte Sortiment jedoch von jenem in den königlichen Gärten in Paris, Madrid, Kew bei London oder Edinburgh: Es stammt nicht aus eigenen überseeischen Besitzungen. Vielmehr waren die Pflanzen auf ganz unterschiedlichen Wegen im Pflanzenhandel und in Kolonien verschiedener europäischer Mächte erworben worden. Sie machten die kaiserlichen Gärten so zu einer »vegetabilischen Schatzkammer«[134] von universellem Anspruch. Ihr Inhalt sollte wegen seiner Fragilität dauerhaft im Bild festgehalten werden.

Abb. 69 ***Syngonium podophyllum*** **Schott. Farblithographie nach W. Liepoldt, aus: J. J. Peyritsch: Aroideae Maximilianae, Wien 1879, Österreichische Gartenbau-Gesellschaft, Wien**

Abb. 70 *Vriesea wawrana* Antoine. Teilkolorierte Lithographie von F. Antoine nach eigener Arbeit, aus: F. Antoine: Phyto-Iconographie der Bromeliaceen des kaiserlich königlichen Hofburg-Gartens in Wien, Wien 1884, Österreichische Nationalbibliothek, Wien

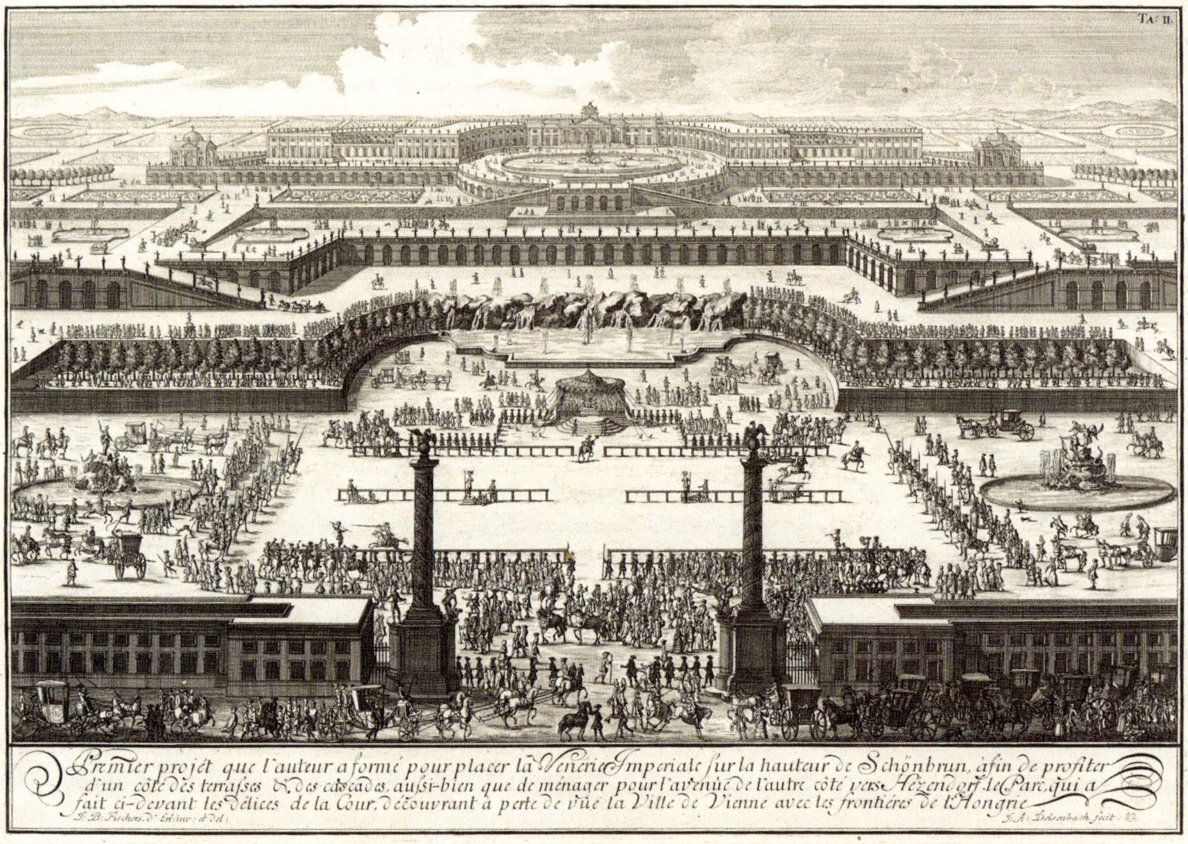

Abb. 71 Johann Bernhard Fischer von Erlach: Erstes Projekt für Schönbrunn, Stecher Johann Delsenbach, 1712, Foto: Wien Museum

→ Abb. 72 Johann Bernhard Fischer von Erlach: Prospekt des neuen Gebäudes und Gartens von Schönbrunn, Stecher Johann Delsenbach, 1712, Foto: Wien Museum

Machtsymbole

Wieso war der Wunsch nach exotischen Tieren, Pflanzen und Artefakten so groß, dass das sonst so sparsame Haus Habsburg enorme Summen in Forschungsexpeditionen mit ungewissem Ausgang investierte? Dass man Gärtner jahrelang in weit entfernte Länder schickte und dabei windigen Geschäftemachern aufsaß? Immer entferntere Gegenden wurden bereist, immer größere Mengen in Europa unbekannter Pflanzen gelangten in die Sammlungen, doch der Hunger wurde nicht gestillt, sondern im Gegenteil wurde die Gier immer größer.

Bereits zur Zeit der kaiserlichen Kunst- und Wunderkammern waren nicht nur die Lust am Besitz seltener und kurioser Gegenstände, sondern auch Repräsentation und Machtdemonstration Motivation für das Sammeln. Ab dem 16. Jahrhundert drückte sich der eigene Machtanspruch verstärkt in enormen Bauprojekten aus. Die riesigen Schlossanlagen wie Neugebäude, Schönbrunn oder in Frankreich Versailles dienten der Herrschaftsdemonstration und -legitimation – und waren Orte für die Sammlungen. Im Kampf der europäischen Königshäuser um die Vormachtstellung ging es einerseits um den realen Anspruch der Habsburger auf die Kaiserkrone im Heiligen Römischen Reich, andererseits um ein fein gesponnenes Netz von Abhängigkeiten und Machtsymbolen.

Der ewige Rivale Frankreich war kaum mehr zu übertreffen. Mit Versailles hatte König Ludwig XIV. (reg. 1643–1715) in der zweiten Hälfte des 17. Jahrhunderts hinsichtlich gebauter Machtsymbolik

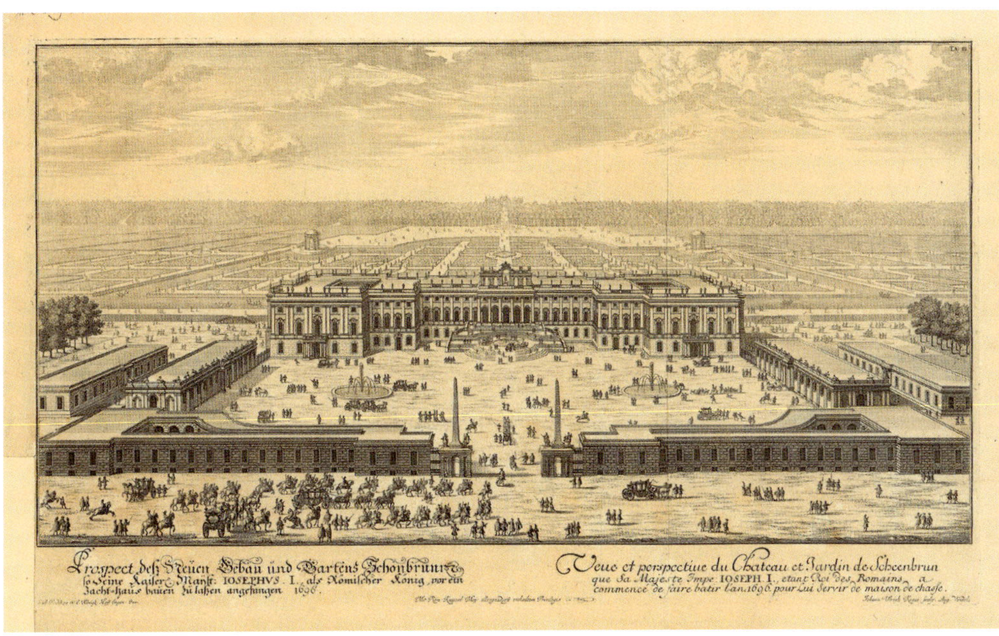

→ **Abb. 73 Präsentationsplan Schlossgarten Schönbrunn, um 1750, Österreichische Bundesgärten, Wien**

Maßstäbe gesetzt. Die erste gigantomanische Planung für den Ausbau von Schönbrunn durch Johann Bernhard Fischer von Erlach hätte eine Konkurrenz sein können → Abb. 71.[135] Auch wenn bis heute nicht klar ist, ob es sich hier nur um eine Idee Fischer von Erlachs handelt oder der Entwurf in Absprache mit Kaiser Leopold I. (reg. 1658–1705) entstand. Das von Weitem sichtbare riesige Schloss etwa an der Stelle der heutigen Gloriette wäre ein unübertroffenes Machtsymbol des Hauses Habsburg gewesen und ein Zeichen für den rechtmäßigen Besitz der Kaiserkrone. Das zweite, zum großen Teil unter Kaiser Joseph I. (reg. 1705–1711) zur Ausführung gekommene Projekt, ebenfalls von Fischer von Erlach, war wesentlich bescheidener dimensioniert und erreichte bei Weitem weder die Symbolkraft der ursprünglichen Planung, noch auch nur ansatzweise Ausmaß und Pracht von Versailles → Abb. 72. Durch den Ausbruch des Spanischen Erbfolgekrieges (1701–1713) waren auch kaum die finanziellen Mittel vorhanden, um den Bau des Schlosses und die Anlage des Gartens abzuschließen. Danach zeigte Karl VI. (reg. 1711–1740) wenig Interesse an Schönbrunn. Er wies es 1712 seiner Schwägerin Wilhelmine Amalie von Braunschweig-Lüneburg als Witwensitz zu, die es bereits 1717 gegen eine Entschädigung wieder an den Kaiser zurückgab.[136]

Erneut aufgenommen wurden die Arbeiten im Schlossgarten Schönbrunn erst wieder mit dem Regierungsantritt von Erzherzogin Maria Theresia (reg. 1740–1780) und ihrem Ehemann und späteren Kaiser Franz Stephan von Lothringen im Jahr 1740. Eine grundsätzliche gestalterische Veränderung stellten die diagonalen Alleen dar → Abb. 73. [137] Da die Bauten des französischen Königs, der Louvre in Paris oder Schloss und Garten in Versailles, kaum zu übertreffen waren, galt es für die Habsburger, sich in ihrer Machtsymbolik vom üblichen Zeichenrepertoire abzusetzen. Eine Möglichkeit dafür bot die Sammlung von Pflanzen und Tieren, eine der größten in Europa: Ohne auf die Schätze eigener Kolonien zurückgreifen zu können, war es dem Kaiserhaus gelungen, diese Lebewesen (fast) aus der ganzen Welt in sein Reich zu holen.

Nach dem Tod ihres Gemahls ließ Maria Theresia im Bereich des Schlossgartens vor allem den geplanten Skulpturenschmuck weiter ausführen. Wie die Sammlung soll der zwischen 1773 bis 1780 entstandene Skulpturenzyklus die Macht der Habsburger demonstrieren und ihre Herrschaft legitimieren. Die Bildwerke zeigen Gestalten der griechischen und römischen Antike. Die Flucht des Aeneas aus dem brennenden Tro-

ja, die schließlich zur Gründung Roms führt, ist von besonderer Bedeutung: Der Skulpturenzyklus suggeriert, dass die Habsburger als Kaiser des Heiligen Römischen Reiches in direkter Nachfolge von Aeneas, dem Stammvater Roms, und damit der antiken römischen Kaiser stehen.[138] Der Holländische Garten und die Menagerie im Schlossgarten erweitern den Herrschaftsanspruch. Die Habsburger sind auch die Herrscher über Pflanzen und Tiere, damit über die Natur. Darüber hinaus ist die Pflanzensammlung ein Sinnbild der guten Herrschaft. Denn nur in Friedenszeiten war es möglich, eine derartige Sammlung zusammenzutragen und zu kultivieren.

Prunkvolle Feste unter Orangenbäumen

Die exotischen Pflanzen füllten Glashäuser, Orangeriegebäude und Gärten. In den Warmhäusern wurden die tropischen Gewächse das ganze Jahr über kultiviert. Subtropische Pflanzen schmückten im Sommer die Gärten, die Orangeriegebäude standen dann leer. In vielen fürstlichen Gartenanlagen wurden sie daher in der warmen Jahreszeit für festliche Anlässe genutzt.

In Schönbrunn fanden Feste auch im Winter im Orangeriegebäude statt. Es war der größte beheizbare Saal in Wien und die blühenden und fruchtenden Pomeranzen boten einen besonderen Reiz, wenn der Park unter einer Schneedecke lag. Nur mächtige und wohlhabende Fürsten konnten sich den großen Aufwand leisten, Räume für exotische Pflanzen bereitzustellen, sie zu temperieren, hochspezialisierte Gärtner für ihre Pflege anzustellen und dann noch in diesem Raum samt den darin überwinternden Pflanzen ein Fest auszurichten. Die Gärtner stellten diese Winterfeste vor eine große Herausforderung: Die Pflanzen mussten im Gebäude verbleiben, gleichzeitig war Platz zu schaffen für eine festliche Tafel sowie für Bühnen. Die Anzahl der Gäste war daher beschränkt. Die Temperatur des Raumes musste dem Anlass entsprechend erhöht werden, gleichzeitig war darauf zu achten, dass dieser Anstieg langsam erfolgte und nicht die Pflanzen schädigte. Zwei dieser Feste im Schönbrunner Orangeriegebäude sind besonders erwähnenswert.

Am 6. Februar 1785 feierte Kaiser Joseph II. ein »Frühlingsfest an einem Wintertage«. Gäste aus dem europäischen Hochadel waren geladen. Die *Wiener Zeitung* berichtete auf der ersten Seite über diese »eben so angenehme als in gegenwärtiger Jahreszeit seltene Unterhaltung«. Durch Los wurden »56 Personen beyderley Geschlechtes von dem hiesigen einheimischen und fremden höchsten Adel dazu eingeladen. [...] Die Orangerie war zum Empfang der Gesellschaft nach Sr. Maj. Anordnung, herrlich zugerichtet. Die Tafel befand sich unter den Orangeriebäumen und war überdieß mit ausländischen und einheimischen Gartengewächsen und Blumen jeder Art

Abb. 74 Johann Hieronymus Löschenkohl: Das Fest in der Orangerie zu Schönbrunn, 7. Februar 1786, Universität Wien

Abb. 75 Ausschnitt aus Abb. 74

besetzt.« Die Festgesellschaft nahm mit dem Kaiser ein Mittagsmahl ein, danach wurde die Tafel abgeräumt, Spieltische aufgestellt und schließlich am einen Ende des Orangeriegebäudes in einem »von Bäumen künstlich errichteten Theater« ein Schauspiel aufgeführt. Danach begann auf einer Bühne am anderen Ende des Gebäudes die Darbietung einer Oper. Bei Einbruch der Dämmerung wurde das Orangeriegebäude von Hunderten Kerzen »herrlich beleuchtet«.[139]

Dieses Fest war so erfolgreich, dass der Kaiser fast genau ein Jahr später, am 7. Februar 1786, anlässlich des Besuches seiner Schwester Erzherzogin Maria Christina und ihres Gatten Herzog Albert von Sachsen-Teschen erneut in das Schönbrunner Orangeriegebäude einlud. Wieder stand die Tafel unter den Orangenbäumen und war mit »einheimischen und fremden Blumen, Blüthen und Früchten auf die angenehmste Weise besetzt« → **Abb. 74 und 75.** Berühmt wurde dieses zweite Fest durch den Wettstreit zwischen Wolfgang Amadeus Mozart und Antonio Salieri. Der Hofkomponist Salieri führte die Oper *Prima la musica, poi le parole* auf, der freischaffende Komponist Mozart das Singspiel *Der Schauspieldirektor*. Auch über dieses Fest berichteten die Tageszeitungen ausführlich.[140]

Dekoriert werden mussten auch die zahlreichen Feste und Bälle während des Wiener Kongresses. Am 2. Oktober 1814 fand in den Redoutensälen der Hofburg ein Ball statt. Aufgrund der vielen Gäste wurde der Durchgang zur Reitschule geöffnet und hier ebenfalls ein großer Saal eingerichtet. Der kleinere der beiden Redoutensäle war mit Orangenbäumen »und zu beiden Seiten mit Blumenstöcken bis an das Orchester besetzt. Eine gleiche Garten-Verzierung, mit angemessener Beleuchtung untermischt, führte aus diesem Sale durch die Gänge bis in die Hof-Appartements.«[141] Wenige Tage später wurde nach einem Schauspiel im Schönbrunner Schlosstheater ein Soupé für die anwesenden ausländischen Monarchen und Fürsten im bereits eingeräumten Orangeriegebäude ausgerichtet. Die Orangenbäume wurden zusätzlich mit Blumen geschmückt und an den beiden Längsseiten des Gebäudes aufgestellt. Über einer Skulptur der Göttin Flora war ein Tempel errichtet, der mit Blumenstöcken und Blumenkränzen dekoriert war. Die *Wiener Zeitung* bezeichnete das festlich geschmückte Orangeriegebäude und den davorliegenden Orangeriegarten schwärmerisch als »Feengarten«.[142]

Die Gelegenheit einer Heirat

↑ **Abb. 76 Natale Schiavoni: Erzherzogin Maria Leopoldine, um 1817, Österreichische Nationalbibliothek, Wien**

Wenige Jahre nach der erfolgten Neuordnung Europas auf dem Wiener Kongress bot sich dem Kaiserhaus erneut eine Gelegenheit für eine große Forschungsexpedition. Die Vergrößerung der Sammlung wurde nicht nur vom persönlichen Interesse des Kaiserhauses angetrieben, sondern resultierte auch aus dem stetigen Wettstreit zwischen den europäischen Herrscherhäusern. Der größte Konkurrent waren die Botanischen Sammlungen in Kew Gardens. Als Kolonialmacht hatten die Briten Zugang zu den Tropen. Aufgrund ihres Spannungsverhältnisses zu den konkurrierenden Seemächten Frankreich, Spanien und den Niederlanden blieben ihnen Südafrika, die Maskarenen und große Teile von Mittel- und Südamerika verschlossen. Die habsburgischen Kaiser besaßen zwar keine Kolonien, rivalisierten aus dem Grund aber auch nicht mit den Kolonialmächten und

erhielten aufgrund ihrer diplomatischen Verbindungen meist Zugang für ihre Forschungsreisenden.
Im 18. und 19. Jahrhundert wurden die kaiserlichen Pflanzenbestände in Schönbrunn von Reisenden oft beschrieben und als beeindruckender und umfangreicher als die von Kew Gardens bezeichnet. Diese Stellung musste durch permanente Vergrößerung der Sammlungen aufrechterhalten werden. Als Erzherzogin Leopoldine, Tochter von Franz I., 1817 mit Dom Pedro de Bragança, Kronprinz von Portugal, in dessen brasilianischem Exil verehelicht wurde, bot sich eine einmalige Gelegenheit, bisher in Europa weitgehend unbekanntes Land zu bereisen → **Abb. 76**. Wie üblich handelte es sich nicht um eine Liebesheirat, sondern man folgte der Staatsräson. Die portugiesische Königsfamilie war 1807 nach Brasilien geflüchtet, als das Land während der Napoleonischen Kriege von französischen Truppen besetzt worden war. Brasilien war seit 1500 portugiesische Kolonie. Seitdem wurde das an Rohstoffen reiche Land von den Kolonialherren rücksichtslos ausgebeutet. Bis zur Ankunft der Königsfamilie 1807 waren die Häfen geschlossen und der streng limitierte Handel brasilianischer Produkte erfolgte nur über das Mutterland.[143]

Nun bot sich die Gelegenheit, die Kolonialmacht Portugal (und damit die Kolonie Brasilien) enger an Österreich zu binden, das seit 1804 ein eigenes Kaisertum war; das Heilige Römische Reich war mit der Abdankung Franz' II. (I.) de facto erloschen. Eingefädelt hatte diese Heirat Außenminister Fürst von Metternich, der damit auch hoffte, die Stellung des österreichischen Kaisers zu stärken. Und selbstverständlich rechnete man sich einen direkten Zugriff auf die Ressourcen der »Neuen Welt« und die Erschließung neuer Märkte aus.

Seit der Öffnung Brasiliens ab 1807 waren bereits einige Forschungsreisen durchgeführt worden.[144] Eile war nun geboten, wollte man nicht von anderen Forschungsnationen abgehängt werden.[145] Die Heirat der naturkundlich interessierten und gebildeten Erzherzogin Leopoldine mit Dom Pedro war daher gleichzeitig eine ideale Voraussetzung, um eine groß angelegte Forschungsexpedition durchzuführen → **Abb. 77**.[146] Da sich der Bräutigam in Brasilien befand, wurde die Heirat am 13. Mai 1817 in Wien »per procurationem«, per Stellvertreter, geschlossen. Zu diesem Zeitpunkt befanden sich die Teilnehmer der Forschungsreise bereits seit über einem Monat auf hoher See.[147]

Seit 1816 war die Expedition vorbereitet worden. Sowohl das Obersthofmeisteramt als auch die Hofgartendirektion verfügten aufgrund der früheren Expeditionen über große Erfahrungen mit derartigen Vorhaben. Verantwortlich war jedoch Fürst Metternich. Mit der wissenschaftlichen Leitung betraute er Karl von Schreibers, Direktor des kaiserlichen Hofnaturalienkabinettes, der aber, wie Metternich, selbst nicht an der

← Abb. 77 Joseph Nikolaus Lang: Münze auf die Heirat Leopoldine von Habsburg und die Reise nach Brasilien, 1817, Wien Museum

Reise teilnahm. Auf Wunsch des Kaisers waren weder zeitliche noch finanzielle Grenzen gesetzt. Nach längeren Vorbereitungen waren die Teilnehmer ausgewählt. Alle drei Reiche der Naturkunde, Zoologie, Botanik und Mineralogie, sollten abgedeckt werden. Dem Prager Botaniker Johann Christian Mikan wurde die Expeditionsleitung übertragen und er war für die botanische Abteilung verantwortlich. Johann Natterer, Zoologe am Hofnaturalienkabinett, übernahm die zoologische Abteilung, unterstützt von dem Tierpräparator Ferdinand Sochor. Der Prager Arzt Johann Pohl sollte die Mineralien bearbeiten. Auf Wunsch König Maximilians I. von Bayern nahmen zwei Münchner Wissenschaftler teil, der Zoologe Johann Baptist von Spix und der Botaniker Carl Philipp von Martius. Der Botanische Garten in Florenz entsandte den Botaniker Giuseppe Raddi. Für die Dokumentation der Reise waren der Landschaftsmaler Thomas Ender und der Pflanzenmaler Johann Buchberger zuständig. Mitglied dieser hochrangig besetzten Gruppe war auch der k. k. Hofgärtnergehilfe Heinrich Wilhelm Schott.[148] Wenige Tage vor der Abreise erfuhr die Öffentlichkeit von der geplanten Expedition zu den »Naturwunder[n] jenes Feenlandes, worin ein ewiger Frühling herrscht« durch einen Bericht der *Wiener Zeitschrift für Kunst, Literatur, Theater und Mode.*[149]

Die Reisenden waren auf die beiden österreichischen Fregatten *Austria* und *Augusta* aufgeteilt und verließen am 10. April 1817 den Hafen von Triest → **Abb. 78**. Bereits in der ersten Nacht wurden während eines starken Sturmes beide Schiffe schwer beschädigt. Die *Austria* mit Mikan, Pohl, Spix, Martius, Raddi und Ender an Bord hatte den Hafen von Pula erreicht und konnte bereits wenige Tage später weitersegeln. Sie erreichte im Juli 1817 Rio de Janeiro → **Abb. 79**. Die schwerer havarierte *Augusta* mit Natterer, Sochor, Schott und Buchberger an Bord hatte sich in den Hafen von Chioggia gerettet. Aufgrund der großen Schäden nahmen die Reparaturen mehr Zeit in Anspruch, und erst Ende Mai konnte die *Augusta* erneut die Segel setzen. In Gibraltar wartete man auf die Schiffe, die Erzherzogin Leopoldine und ihr Gefolge nach Brasilien bringen sollten, sodass man erst im November 1817 in Rio de Janeiro anlandete.[150]

Abb. 78 Giovanni Pessi: Abfahrt der k. k. österreichischen Fregatten Austria und Augusta von Triest nach Brasilien am 9. April 1817, Österreichische Nationalbibliothek, Wien

Die Reise stand von Beginn an unter keinem guten Stern. Kompetenzstreitigkeiten unter den Teilnehmern erschwerten die Zusammenarbeit. Die Forscher litten unter dem ungewohnten Klima und unter den Folgen von Unfällen und Krankheiten. Um möglichst große Erfolge zu erzielen, teilte sich die »Herren Forschungsreisenden« in drei Gruppen auf. Von dem österreichischen Botschafter in Rio waren alle Reisen zu genehmigen und vom ihm erhielten sie auch die nötigen Finanzmittel. Von den Provinzgouverneuren bekamen sie die jeweiligen Visa.

Im Juni 1818 machten sich die *Austria* und die *Augusta* auf den Rückweg. Auf den Exkursionen entlang der Küste und in das nähere Hinterland hatten die Forscher große Mengen lebender Pflanzen und Tiere, Samen sowie Mineralien gesammelt. Mikan begleitete den Transport weiter nach Wien. Auch die beiden Maler Ender und Buchberger sowie der Botaniker Raddi verließen bei dieser Gelegenheit Brasilien. Die beiden Münchner Wissenschaftler, für die sich die österreichische Gesandtschaft nicht zuständig fühlte, hatten sich schon längst von der Gruppe getrennt und waren in Richtung Amazonasgebiet aufgebrochen.[151]

Der Hofgärtner Heinrich Wilhelm Schott war zunächst vor allem mit der Betreuung der gesammelten Pflanzen beauftragt. Er hatte auf dem Gelände der österreichischen Gesandtschaft einen Garten eingerichtet, in dem er die Pflanzen bis zum Weitertransport nach Europa versorgte und ihre Kulturbedingungen studieren konnte. Neben dieser Arbeit bereiste Schott auf eigene Faust die Provinz Rio de Janeiro. Als im Februar 1820 der Gartengehilfe Joseph Schücht zu seiner Unterstützung in Rio de Janeiro eintraf, war es Schott nun möglich, längere Reisen zu unternehmen. Im April 1821, zu diesem Zeitpunkt hatte von den Reisenden noch niemand das Amazonasgebiet betreten, empfahl schließlich der österreichische Gesandte Baron von Stürmer aufgrund politischer Unruhen den Abbruch der Forschungsexpedition. Pohl und Schücht verließen im April 1821 an Bord des englischen Schiffes *Northumbria* Brasilien. Im August kamen sie in Amsterdam mit insgesamt 63 Kisten mit etwa 1.000 lebenden Pflanzen an. Dort organisierte der k. k. Generalkonsul die Weiterreise per Schiff auf Rhein und Main. In Würzburg angekommen, fürchtete Schücht aufgrund der vorgerückten Jahreszeit um das Überleben der tropischen Schätze. Der unterfränkische Staatsrat von Asbeck bot seine Hilfe an und räumte seine Glashäuser für die Überwinterung. Joseph Schücht blieb bei den Pflanzen in Würzburg, um sie zu versorgen und den Transport nach Wien im Frühjahr 1822 zu begleiten.[152]

Schott, begeistert vom Pflanzenreichtum Brasiliens, wollte weiter seinen Forschungen nachgehen, musste jedoch im Juni 1821 an Bord des französischen Schiffes *Egmont* ebenfalls die Heimreise antreten.[153] Auch er brachte eine beeindruckende Menge lebender Pflanzen und Tiere, Samen, Knollen, Holzmuster und Mineralien nach Wien.

Einen kleinen Einblick in Schotts Tätigkeiten und seinen Alltag in Brasilien bieten seine Tagebücher. Wir erfahren

Abb. 79 Thomas Ender: Verdeck der k. k. Fregatte Austria unter Segel gezeichnet, 1817, Akademie der bildenden Künste, Wien

darin, dass er mit versklavten Menschen unterwegs war, die sich um die Versorgung der Maultiere, das Einrichten der Nachtlager sowie das Kochen kümmerten und Nachtwache hielten. Als zwei von ihnen erkrankten, wurde er an der Weiterreise gehindert und musste gleichzeitig als »Doktor, Apotheker und Hufschmied« fungieren.[154] Er beobachtete die Natur, versorgte die gesammelten Pflanzen und Tiere, knüpfte Kontakt zu der indigenen Bevölkerung und versuchte, deren Sprachen zu erlernen.[155] Noch während seines Aufenthaltes in Brasilien sandte Schott botanische Beschreibungen der von ihm gefundenen Pflanzen nach Wien, die umgehend veröffentlicht wurden, sodass das interessierte Publikum scheinbar unmittelbar an seiner Reise teilnehmen konnte.[156]

Abb. 80 Franz Antoine: Der Wintergarten in der k. k. Hofburg zu Wien, Wien 1852, Österreichische Bundesgärten, Wien

Reiche Ausbeute und neue Glashäuser

Abb. 81 Das Palmenhaus S. M. des Kaisers am Rennweg, 1830, Österreichische Nationalbibliothek, Wien

Die eigentliche Aufarbeitung der Sammelreise begann erst nach Schotts Rückkehr. Er beschäftigte sich intensiv mit der Bestimmung der mitgebrachten Pflanzen, und viele Gattungen und Arten wurden von Schott erstbeschrieben. Die Ergebnisse seiner wissenschaftlichen Arbeit publizierte er in mehreren Monographien über die Gattungen der großen Familie der Aronstabgewächse (Araceae). Die umfangreiche Sammlung der Aronstabgewächse in den Österreichischen Bundesgärten ist ohne Schott undenkbar.

Wieder stellte sich das Problem, dass die vorhandenen Glashäuser für die zahlreichen neu ankommenden Pflanzen nicht ausreichten. Mittlerweile waren jedoch durch den Bau des 128 Meter langen Remy'schen Glashauses in den Jahren 1818–20 im Hofburggarten Flächen hinzugekommen, die ebenfalls für die Pflanzensammlungen genutzt wurden **→ Abb. 80**.[157] Der größte Teil der Pflanzen aus Brasilien wurde zunächst in Glashäusern in der Ungargasse untergebracht **→ Abb. 81**.[158] Das ehemalige Harrach'sche Gartenpalais in der Ungargasse und der dazugehörige Garten mit den Glashäusern waren mittlerweile in kaiserlichem Besitz und wurden als Obstbaumschule genutzt.[159]

In den Glashäusern im Holländischen Garten in Schönbrunn baute man unter Schotts Anleitung die Samen an und brachte Knollen und Stecklinge zum Treiben. Als diese Pflanzen größer wurden, war auch hier der vorhandene Platz in den Glashäusern nicht mehr ausreichend.

Außerdem mussten die vorhandenen Glashäuser immer wieder erneuert werden. Infolge der hohen Luftfeuchtigkeit und der Wärme begann die Holzkonstruktion zu faulen und setzte eine Korrosion der Eisenteile ein. Regelmäßiges Streichen und Überarbeiten konnten die Lebensdauer der Gebäude nur für kurze Zeit verlängern, neue Überwinterungshäuser mussten errichtet werden.

An der nördlichen Gartengrenze des Arboretums wurde das vorhandene Gebäude abgerissen und durch ein neues Warmhaus ersetzt. Es war mit einer Kanalheizung ausgestattet sowie mit Lohbeeten, in die die Pflanzen gesetzt wurden. Bis über sieben Meter hohe Pflanzen wie Drachenbäume (*Dracaena draco*) und Zwergpalmen (*Chamaerops*) waren hier aufgestellt → **Abb. 82**.[160] Zwischen diesem Warmhaus und dem Caphaus befand sich ein etwa 15 Meter langer Verbindungsbau, der als Sukkulentenhaus genutzt wurde. An der westlichen Begrenzungsmauer entlang der heutigen Maxingstraße wurde 1836 das Alte Palmenhaus errichtet. Das etwa 90 Meter lange Gebäude war in drei Abteilungen unterteilt und mit einer Kanalheizung versehen. Im nördlichen Flügel wurden die von Schott aus Brasilien mitgebrachten Aronstabgewächse sowie Orchideen kultiviert. Im Mittelpavillon waren Palmen ausgepflanzt, was den Eindruck einer tropischen Landschaft hervorrief → **Abb. 83**. Mittels einer Glaswand war er vom südlichen Flügel abgegrenzt, in dem in einem Lohbeet kleinere Palmen in ihren Kübeln kultiviert wurden. Die drei Flügel des Alten Palmenhauses waren durch Türen miteinander verbunden.

Südlich des Alten Palmenhauses ließ man um 1840 zwei kleine Gewächshäuser und vier Erdkästen wie einen Riegel im Gelände erbauen → **Abb. 84**. Im östlichen Haus befanden sich Eriken und Proteaceen vom Kap der Guten Hoffnung, im westlichen vor allem Orchideen, in den Erdkästen war ein Teil der Alpenpflanzensammlung in Töpfen untergebracht.[161] Diese Häuser wurden um 1860 wieder abgetragen.

Zusätzlich zu den dauerhaft ausgepflanzten subtropischen und tropischen Gewächsen erfolgten in fast allen Glashäusern auch Wechselbepflanzungen im Frühjahr mit blühenden Hyazinthen, Tulpen, Narzissen und weiteren Zwiebelpflanzen, im Spätwinter mit Azaleen.[162]

Abb. 82 Äquinoktialhaus im Holländischen Garten, aus: Alexandre de Laborde: Voyage pittoresque en Autriche, Paris 1821, Österreichische Nationalbibliothek, Wien

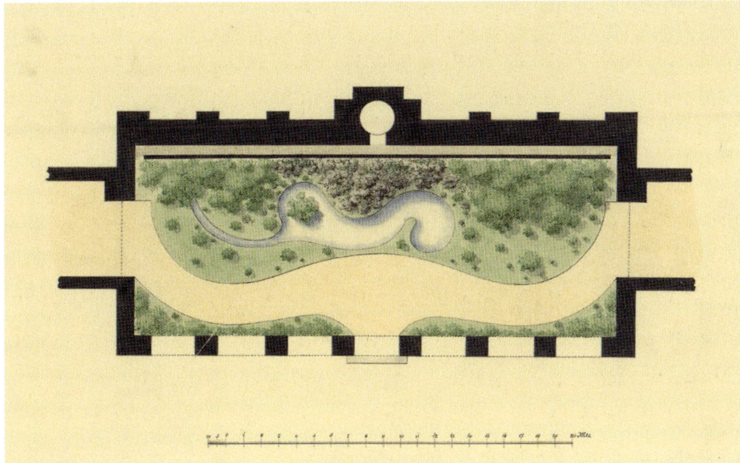

↓ Abb. 84 F. Mathausch: Plan des k. k. Hof Pflanzen Gartens in Schönbrunn, 1845, Österreichische Bundesgärten, Wien

↑ Abb. 83 Bepflanzungsplan des Mittelpavillons des Alten Palmenhauses, um 1889, Österreichische Bundesgärten

Wie die Aronstabgewächse in unsere Wohnzimmer kamen

Nils Köster

Der Name »Aronstabgewächse« ist in erster Linie eines: sperrig. Kaum jemand dürfte vermuten, dass sich dahinter so attraktive und beliebte Zimmerpflanzen wie *Monstera* und Flamingoblume verbergen. Viele Vertreter dieser Pflanzenfamilie gehören heute zum Standardsortiment, wie eine Bildersuche im Internet schnell und eindrucksvoll beweist: Die ersten drei Treffer zu »Zimmerpflanze« zeigen Glücksfeder (*Zamioculcas*), Einblatt (*Spathiphyllum*) und selbstverständlich das Köstliche Fensterblatt (*Monstera deliciosa*). Wer mit der heimischen Flora vertraut ist, wird zuerst den namensgebenden Aronstab (*Arum maculatum*) unserer Wälder vor Augen haben – der sich im Frühling allerdings oft weniger durch seinen eher unscheinbaren Blütenstand bemerkbar macht als durch seinen durchdringenden Gestank nach Harn.

Erkennbar sind Aronstabgewächse (auch Araceae oder Araceen genannt) an ihrem charakteristischen Blütenstand: Ein einziges Hochblatt umgibt einen Kolben, auf dem dicht gedrängt zahlreiche, meist sehr kleine Blüten sitzen. Einige Arten mit auffällig gefärbtem und zugleich dauerhaftem Hochblatt eignen sich als blühende Topfpflanzen und Schnittblumen. Neben Zimmerkalla (*Zantedeschia*) und Einblatt zählt dazu die Flamingoblume *Anthurium andraeanum*, vermutlich die beste Imitation von glänzend knallrotem Plastik im Pflanzenreich. Bei den meisten Araceen ergibt sich der Zierwert jedoch aus ihrem Laub, die Fülle verschiedenster Formen und Farben ist unüberschaubar und macht sie zu perfekten Blattpflanzen. Das kunstvoll perforierte und geschlitzte Blatt von *Monstera deliciosa* ist nachgerade zur Ikone geworden. Bekannt für ihre hübsch gemusterten, farbenfrohen Blätter sind Kolbenfaden (*Aglaonema*), Pfeilblatt (*Alocasia*) und *Dieffenbachia*, und einige Sorten der Buntwurz (*Caladium bicolor*) wirken gar, als sei die ganze Pflanze in den Farbtopf gefallen. Die Vielfalt der Zeichnungen und Färbungen wird durch Variationen in der Oberflächenstruktur der

Abb. 85 Johann Oberer: *Dieffenbachia seguine* (Schweigohr), o. D., aus der Sammlung Heinrich Wilhelm Schotts, Naturhistorisches Museum, Wien

Blätter noch multipliziert, von lackartigem Glanz bis zu samtartigem oder metallischem Schimmer.

Besonders attraktiv und langlebig ist das Laub bei den Araceen des tropischen Regenwaldes, und obwohl die Pflanzenfamilie fast weltweit verbreitet ist, findet sich dort auch der weitaus größte Teil ihrer rund 4.000 Arten. Sie leben als Unterwuchsstauden auf dem Waldboden, streben als Kletterpflanzen an Baumstämmen zum Licht empor oder wachsen als sogenannte Epiphyten direkt auf Stämmen und Ästen, zum Teil hoch oben im Kronenraum. Durch Anpassungen an die ökologischen Bedingungen ihres Lebensraumes bringen viele Araceen Eigenschaften mit, die sie zu den pflegeleichtesten und dankbarsten Zimmerpflanzen überhaupt machen. Die meisten Arten sind klein und passen so bequem in jeden handelsüblichen Blumentopf. Da das Blätterdach des Regenwaldes für tiefen Schatten sorgt, kommen sie mit erstaunlich wenig Licht zurecht und gedeihen auch noch in dunklen Zimmerecken. Gerade die Epiphyten sind zudem an Nährstoffmangel und eine unregelmäßige Wasserversorgung angepasst, da sie am Naturstandort in den Baumkronen keinen Kontakt mit dem Erdboden haben und vollständig auf Niederschläge angewiesen sind.

Abb. 86 ***Aglaonema*****, aus: Nach der Arbeit, um 1935, Österreichische Gartenbau-Gesellschaft, Wien**

Neben ihrer Schönheit war wohl gerade diese Genügsamkeit der wichtigste Grund, warum einige Aronstabgewächse unter den ersten Pflanzen waren, die den Weg in die Wohnzimmer des Bürgertums fanden. Größere Fenster, verbesserte Heiztechnik und eine Anbindung an die städtische Wasserversorgung ermöglichten vor rund 200 Jahren, sie als echte Zimmerpflanzen ganzjährig in Wohnungen zu halten. Das Repertoire rekrutierte sich anfangs aus den Sammlungen tropischer Exoten, die botanische Gärten und adlige Pflanzenfreunde seit Mitte des 18. Jahrhunderts in ihren Gewächshäusern kultivierten. Spätestens 1731 wurde die Zimmerkalla (*Zantedeschia aethiopica*) aus Südafrika in Großbritannien eingeführt. Purpurtüte (*Syngonium auritum*) und *Dieffenbachia seguine* → **Abb. 85** – beide aus den amerikanischen Tropen – sind bereits 1748 bzw. 1752 im Chelsea Physic Garden in London belegt. Bei der Einführung tropischer Araceen in Europa spielten auch die kaiserlichen Pflanzensammlungen in Wien eine herausragende Rolle. Im Auftrag der Habsburger führten Expeditionen in die Karibik, die Ausbeute veröffentlichte Nikolaus Joseph von Jacquin in reich illustrierten Prachtbänden. Unter den um 1800 in Schönbrunn kultivierten Pflanzen fanden sich demnach so dekorative Araceen wie Buntwurz, *Monstera adansonii* und *Philodendron lacerum*.

Während immer mehr neue Arten aus den Tropen nach Europa gelangten, steckte die wissenschaftliche Beschäftigung mit Aronstabgewächsen noch in den Kinderschuhen. Erst Heinrich Wilhelm Schott ordnete die Vielfalt und stellte einen Großteil der heute noch akzeptierten Gattungen auf. Er beschrieb Hunderte neuer Arten und erforschte ihre Verwandtschaftsbeziehungen – neben dem Studium von Herbarbelegen vor allem durch Beobachtungen an lebenden Pflanzen in den kaiserlichen Sammlungen. Dabei publizierte Schott heute so wichtige Zimmerpflanzen wie *Aglaonema* → **Abb. 86**, *Anthurium*, *Dieffenbachia* und *Philodendron* fast beiläufig in einer Art Modemagazin. Unter der Rubrik »Für Liebhaber der Botanik« wurden in der alle zwei bis drei Tage erscheinenden *Wiener Zeitschrift für Kunst, Literatur, Theater und Mode* Pflanzen aufgelistet, die gerade in den Gewächshäusern des Hofgartens zu Schönbrunn blühten. Darunter fanden sich 1829 und 1830 auch die wissenschaftlichen Beschreibungen von sechs neuen Araceen-Gattungen inklusive einer lateinisch verfassten Diagnose – jeweils auf der vorletzten Seite direkt vor einem »Modenbild«. Eine blühende *Dieffenbachia* hatte mithin denselben gesellschaftlichen Stellenwert wie der letzte Schrei in der Wiener Abendgarderobe. Dass diese Publikationen durchaus populär gemeint waren, lässt sich auch daran ablesen, dass Schott seinen neu aufgestellten Gattungen gleich deutsche Namen mit auf den Weg gab, die einige Originalität aufwiesen, wie »Wundermann« (*Aglaonema*), »Blüthenschweif« (*Anthurium*), »Baumlieb« (*Philodendron*), »Vereinfrucht« (*Syngonium*) und »Drachenhauch« (*Typhonium*).

Mitte des 19. Jahrhunderts entwickelte sich der Markt für tropische Zierpflanzen dann rasant, das gärtnerische Interesse an den Araceen stieg stark. *Monstera deliciosa* startete, von Berlin ausgehend, ihre steile Karriere als Zimmerpflanze. Mittlerweile waren es auch nicht mehr Missionare, Diplomaten und Naturforscher, die hin und wieder eine hübsche Art von ihren Reisen mitbrachten. Nun streiften Dutzende von professionellen Pflanzenjägern durch die tropischen Wälder und schickten alles nach Europa, was kommerzielles Potenzial hatte. Heute, in Zeiten einer durch Trends und Marketing gesteuerten Massenproduktion, sind die meisten dieser Neueinführungen längst wieder verschwunden, wenn Retrowellen auch regelmäßig für Wohnzimmer-Comebacks unter den Araceen sorgen → **Abb. 87**. Schotts altmodisch anmutende deutsche Pflanzennamen werden jedoch nicht mehr verwendet – in den Ohren der globalisierten Instagram-Generation klingen *Dieffenbachia* und *Monstera* wohl ungleich attraktiver als »Schweigohr« und »Fensterblatt«.

Abb. 87 »Harmonie in Grün-Weiß« – Panaschierte Formen von *Monstera* und *Aglaonema* in Hydrokultur, aus: Vocke 1989, Österreichische Gartenbau-Gesellschaft, Wien

Vom Holländischen Garten zum Pflanzengarten

Während im Bereich der Glashäuser permanent Renovierungen stattfanden, Um- und Neubauten erfolgten, wurde auch die Gestaltung des Gartens verändert. Hofgartendirektor Franz Bredemayer ließ die großen drei Kompartimente des ehemaligen Holländischen Gartens 1828/29 auflösen und legte in diesem Bereich einen landschaftlichen Garten an. Aus der eigenen Baumschule im Schlosspark Laxenburg, aus den fürstlichen Baumschulen in Bruck an der Leitha, Eisgrub (Lednice) und Schönbusch bei Aschaffenburg, aber auch bei Handelsbaumschulen in Österreich, Deutschland und Italien wurden Gehölze gekauft, und über 2.500 Einzelpflanzen in 477 Arten wurden neu gesetzt.[163] Der für diesen Bereich zuständige Hofgärtner Heinrich Wilhelm Schott war für die Beschaffung der Pflanzen verantwortlich.

Abb. 88 Bestandsplan des Holländischen Gartens, 1827, Österreichische Bundesgärten, Wien

Die Mauer, die den Holländischen Garten vom Arboretum trennte, wurde abgetragen. Am südlichen Ende des Holländischen Gartens, direkt vor der Mauer zur Menagerie, entstand ein großes ovales Beet, in dem im Sommer subtropische Pflanzen aus den Glashäusern im Freien aufgestellt wurden. Mit der Umgestaltung dieses Bereiches ging auch eine Namensänderung einher. Hofgartendirektor Bredemayer schlug Ende 1828 vor, den Holländischen Garten nun in »k. k. Pflanzengarten in Schönbrunn« umzubenennen. → **Abb. 88 und 89.** Dass dieser verhältnismäßig kleine Bereich nicht den Ansprüchen eines englischen Landschaftsparks genügte, war Bredemayer bewusst, es sollte ja auch nur »ein ansprechender Vorsaal zu den großen Pflanzenschätzen dieses Hofgartens« sein.[164]

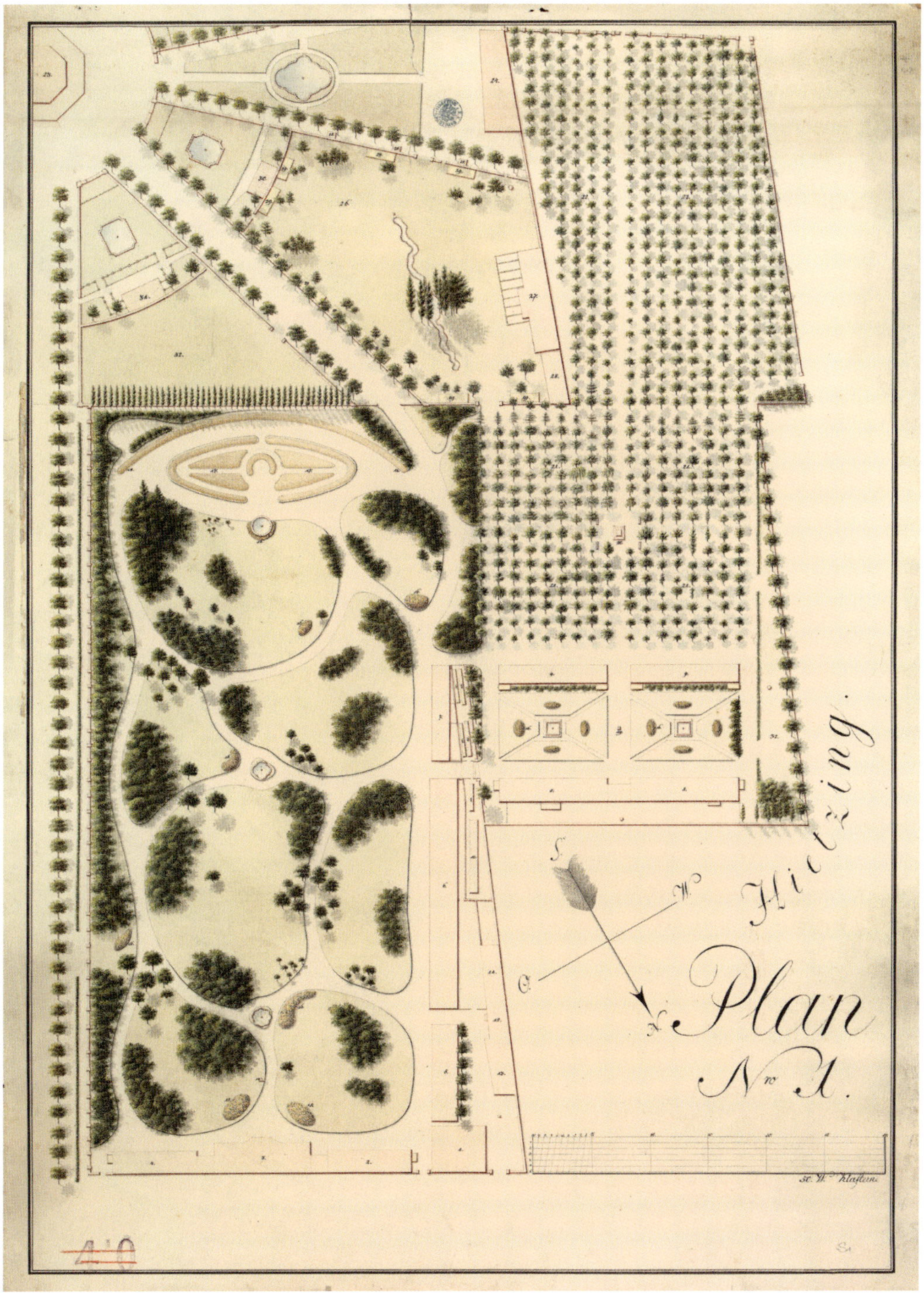

Abb. 89 Projektplan zur landschaftlichen Umgestaltung des Holländischen Gartens, 1827, Österreichische Bundesgärten, Wien

In den Jahren 1829/30 wurde der nördliche Teil des Arboretums landschaftlich umgestaltet, die regelmäßigen Baumreihen wurden aufgelöst und Rasenflächen angelegt. Für die Bepflanzung wurden wiederum Gehölze aus verschiedenen Baumschulen im In- und Ausland angekauft, darunter die kaiserliche Baumschule in Laxenburg, die gräflich Harrach'sche Baumschule in Bruck an der Leitha, die Baumschulen der Landschaftsparks in Eisgrub und in Schönbusch bei Aschaffenburg, Erwerbsgärtnereien in Esslingen bei Stuttgart, Hamburg und Turin sowie bei Joseph Held und Traugott Seidel aus Wien.[165] Um 1848/49 folgte die landschaftliche Neugestaltung des südlichen Teils des Arboretums, und es wurde ein Beltwalk mit Querwegen angelegt, der bis an die südliche Grenze führte. Bewusst wurde die umgebende Landschaft außerhalb des Parks miteinbezogen: In einem Plan sind die Sichtachsen zu besonderen Blickpunkten im nahe gelegenen Wienerwald eingezeichnet → **Abb. 90**.

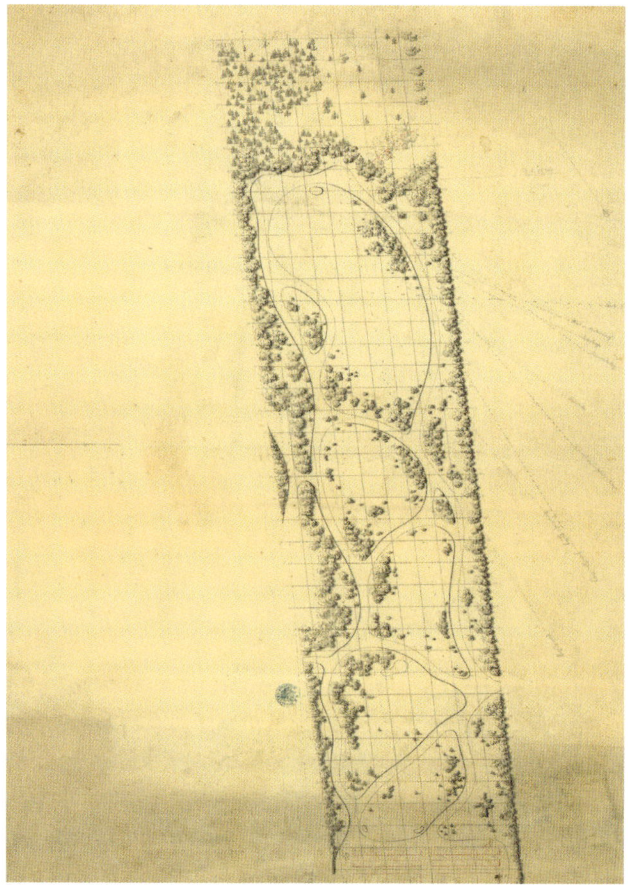

Abb. 90 Detail des Botanischen Gartens mit eingezeichneten Sichtachsen, um 1845, Österreichische Bundesgärten, Wien

Private Pflanzensammlungen

Neben der offiziellen Pflanzensammlung verfügte die kaiserliche Familie auch über Privatsammlungen. Kaiser Franz II./I. kultivierte bereits seit 1791 in einem Glashaus auf dem Dach des Augustinertraktes der Hofburg besondere Exemplare der Pflanzensammlung aus dem Schlossgarten Schönbrunn → Abb. 91.[166] Ab 1818 wurde im neu angelegten Hofburggarten von Hofarchitekt Ludwig von Remy ein 128 Meter langes Glashaus errichtet, das die stetig anwachsenden Bestände aufnahm → Abb. 92.[167]

Der Kaiser hatte 1802 seinen beiden Brüdern, den Erzherzögen Johann und Anton, Flächen innerhalb des Schlossgartens Schönbrunn zur persönlichen Nutzung zur Verfügung gestellt. Erzherzog Johann (1782–1859) hatte daraufhin den Bereich zwischen dem Tiergarten, der Sichtachse Gloriette-Wienerwald und dem Botanischen Garten unter der Leitung des Hofgärtners Bredemayer als landschaftlich gestalteten Waldgarten anlegen lassen → Abb. 93.[168] Bereits ein Jahr später wurde der Garten bis zur südlichen Parkmauer erweitert.[169] Wege schlängelten sich durch das von einer bewegten Bodenmodellierung geprägte Gelände. Neben dem Tirolerhaus, das diesem Garten den Namen gab, befanden sich

↑ Abb. 92 Franz Antoine: Der Wintergarten in der k. k. Hofburg zu Wien, Wien 1852, Österreichische Bundesgärten, Wien

↓ Abb. 91 Die kaiserliche Familie auf dem Dachgarten beim Augustinertrakt, um 1796, Wien Museum

Abb. 95 *Tridentea gemmiflora* (syn.: *Stapelia reclinata*), aus: Bredemayer, Knapp: Icones Plantarum Rariorum Horti Archiducis Austriae Antonii, Ms. Wien um 1830, Österreichische Nationalbibliothek, Wien

hier ein chemisches Laboratorium, eine Obstreisersammlung sowie ein Alpengarten. In diesem wurden Alpenpflanzen kultiviert, die die Erzherzöge bei ihren Wanderungen in den Wiener Hausbergen gesammelt hatten. Der Tirolergarten war der erste landschaftlich gestaltete Bereich im Schlossgarten Schönbrunn. Abseits des strengen höfischen Zeremoniells hatte sich der Erzherzog hier ein privates Refugium geschaffen. Auch nach Johanns Tod wurde der Alpengarten weiter gepflegt, bis er 1865 in den Belvederegarten transloziert wurde.[170] Der durch einen Zaun abgetrennte Garten wurde bis zum Ende der Monarchie weiter von der kaiserlichen Familie genutzt.

Erzherzog Anton (1779–1835) hatte in Schönbrunn zunächst die Dreieckswiese neben der Hietzinger Fahrstraße zur Nutzung bekommen → **Abb. 94**.[171] Wenige Jahre später wurde ihm der kleine abgeschlossene Garten an der nördlichen Grenze des Schlossparkes Schönbrunn, westlich der heutigen Wagenburg übergeben.[172] Am Rande der kleinen, landschaftlich gestalteten Anlage standen mehrere Glashäuser, in denen subtropische und tropische Pflanzen kultiviert wurden. Auch diesen Garten betreute Bredemayer. Die Pflanzensammlung Erzherzog Antons ist nicht erhalten. Doch dank eines Manuskriptes von Bredemayer mit Illustrationen aus der Hand des erzherzöglichen Kammermalers Johann Knapp ist die Sammlung bis heute vorzüglich dokumentiert. Großformatige Aquarelle bilden über 300 Pflanzen aus der Sammlung ab, ergänzt durch ausführliche Beschreibungen der Herkunft, Kulturbedingungen und Besonderheiten. → **Abb. 95**.[173] Das dreibändige, großformatige Unikat wird in der Österreichischen Nationalbibliothek aufbewahrt.[174]

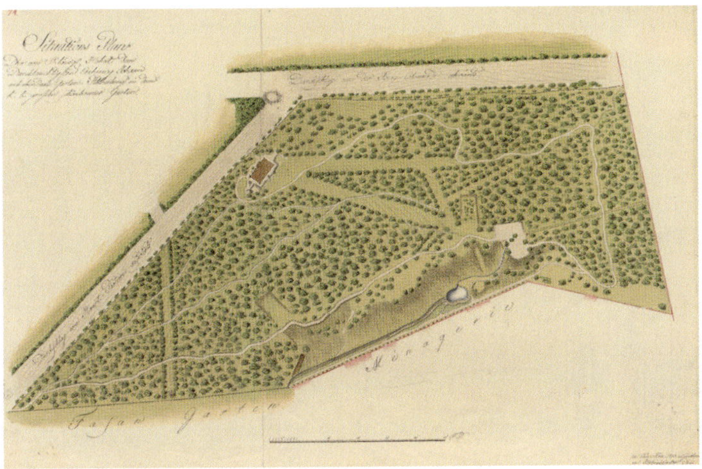

Abb. 93 Vinzenz Dini: Situationsplan des Tirolergartens vor der Erweiterung nach Süden, 1803, Albertina, Wien

Abb. 94 Vinzenz Dini: Situationsplan des Erzherzog Anton-Gartens vor der Verlegung, 1803, Albertina, Wien

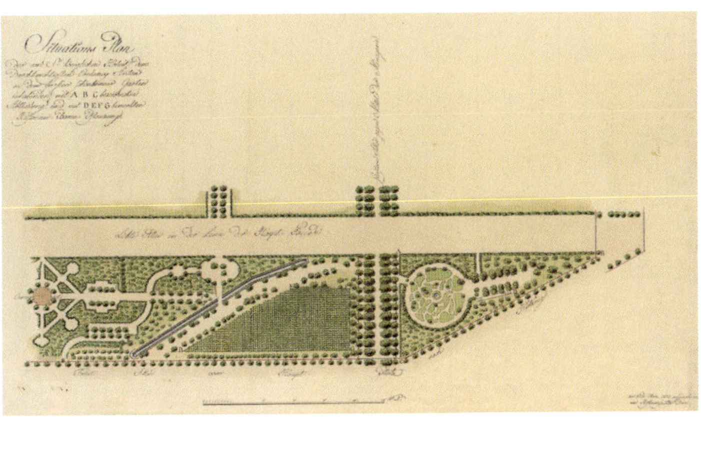

Weitere Vergrößerung der Pflanzenbestände

Der Hunger des Kaiserhauses nach immer neuen Pflanzen muss unersättlich gewesen sein. Ebenso waren die Hofgärtner von der Sammelleidenschaft ergriffen. Als Erzherzog Maximilian (1832–1867) gemeinsam mit dem Schiffsarzt Heinrich von Wawra und dem Landschaftsmaler Josef Selleny im November 1859 an Bord des Dampfschiffes *Elisabeth* zur einer Forschungsreise nach Brasilien aufbrach, hatte Hofgartendirektor Heinrich Wilhelm Schott den Hofgärtner Franz Maly mit dem Auftrag mitgeschickt, besonderes Augenmerk auf die Aronstabgewächse zu richten. Von Jänner bis März 1860 bereisten sie die brasilianische Küste und durchwanderten an einigen Stellen auch das Hinterland. → **Abb. 96 und 97.**[175] Einen Teil der Pflanzen behielt Erzherzog Maximilian für seine eigenen Sammlungen im Schlosspark Miramare und für die vor Dubrovnik gelegene Insel Lokrum.[176] Vor allem die Aronstabgewächse kamen nach Schönbrunn.

Trotz der großen Mengen an Pflanzen, die dank der bisherigen Forschungsexpeditionen schon in Schönbrunn waren, wurde jede weitere Möglichkeit genutzt, um neue Pflanzen zu erwerben. Der einfachste Weg erfolgte mittels

← Abb. 96 *Gomesa imperatoris-maximiliani* (syn.: *Oncidium imperatoris*), aus: Wawra: Botanische Ergebnisse der Reise seiner Majestät des Kaisers von Mexico Maximilian I. nach Brasilien (1859–60), Wien 1866, Österreichische Bundesgärten, Wien

↙ Abb. 97 *Xanthosoma maximilianii*, aus: J. J. Peyritsch: Aroideae Maximilianae, Wien 1879, Österreichische Gartenbau-Gesellschaft, Wien

Tausch oder Kauf von Samen. Einzelne besondere Quellen stechen hervor: so zum Beispiel die Bestellung von Samen brasilianischer Medizinalpflanzen bei der medizinisch-botanischen Gesellschaft in London im Jahr 1829[177] oder die Übersendung von Samen von insgesamt 52 Gattungen aus Südamerika, China und Indien im Jahr 1849 durch den Leiter des Königlich Botanischen Gartens in Lissabon, den aus Österreich stammenden Friedrich Welwitsch.[178]

Über Händler wurden europaweit zahlreiche Pflanzen angekauft. So wurde beispielsweise 1781 ein kleiner Ginkgobaum bei der Handelsgärtnerei Loddiges in London erworben und in den Schlossgarten Schönbrunn gepflanzt.[179] Dieses Exemplar ist der älteste in Österreich lebende *Ginkgo biloba*; seit 1938 ist er eingetragenes Naturdenkmal → Abb. 98.[180] Bei den häufigen Reisen der Hofgärtner durch Europa wurden besondere Einzelpflanzen, aber auch größere Stückzahlen, die nicht in den eigenen Reservegärten produziert werden konnten, in den großen europäischen Baumschulen und Handelsgärtnereien bestellt.

Auch komplette Sammlungen wurden angekauft. Als Carl Freiherr von Hügel 1848 Österreich verließ, erwarb das Kaiserhaus aus seinem Hietzinger Garten dessen Neuholländersammlung.[181] In den 1860er Jahren konnten die Hofgärten Schönbrunn die Orchideensammlungen des Grafen Kinsky und Joseph Georg Beers, Generalsekretär der k. k. Gartenbau-Gesellschaft, übernehmen, als diese zum Verkauf standen.[182] 1900 wurde die 1.400 Arten umfassende Orchideensammlung des Barons Hruby erworben.[183]

Nicht nur komplette Sammlungen, auch besondere Einzelpflanzen aus Privatbesitz wurden angekauft. Welcher Aufwand betrieben wurde, um die Pflanzen zum Teil von weit her nach Schönbrunn zu bringen, davon zeugt der Bericht eines Palmentransportes vom ostmährischen Kremsier (heute Kroměříž) nach Wien. Im November 1899 begleitete der k. k. Gartengehilfe Carl Diesner den Transport einer 14 Meter hohen Fischschwanzpalme (*Caryota urens*):

> Die Caryota urens […] stand im erzbischöflichen Garten in einem 15 mtr hohen Glashause im Boden zwischen Heizkanälen eingesenkt. Der Kübel war schon stark verfault und die Wurzeln in die Drainage und das Pflaster der Grube eingewachsen, wodurch sich die Herausnahme langwierig gestaltete. Trotz des herrschenden Raummangels wurde die

Palme infolge freundlichen Entgegenkommens der dortigen Garten-Verwaltung noch im Glashause niedergelegt und eingepackt. Wegen der stark vorgerückten Jahreszeit wurde die Pflanze sorgfältig in Watte, Papier, Heu, Stroh und Packleinwand eingepackt, der morsche Kübel mit Bretter verschalt, sowie das Ganze mit starken Stangen eingezäunt. Von den 7 Palmwedeln der Caryota wurden die drei jüngsten sorgfältig eingehüllt, da gerade Frostwetter eintrat, die vier äußeren unansehnlichen, schlechten und fleckigen Wedeln mußten preisgegeben werden [...]. Zum Zwecke des Aushebens, Einpackens sowie Verschalen und Verheben der Palme stellte die erzbischöfliche Schloß- und Gartenverwaltung je nach Bedarf und Thunlichkeit 4 bis 20 Mann, darunter 3 gewerbliche Arbeiter mit Werkzeugen zur Verfügung. [...] Nach vollendeter Packung wurde die Pflanze mit zwei Wägen durch die Spedition Mandl in Kremsier zur Bahn gebracht und dortselbst auf zwei Plateau-Waggons verladen. Durch das Entgegenkommen der Stationsbeamten war es möglich geworden die Pflanze als Fracht mit versicherter Lieferzeit schon am nächsten Tage nämlich am 22. November vom Matzleinsdorfer Bahnhofe abführen zu können. Trotz der plötzlich eingetretenen Kälte von 5 °R [6,25 °C] ist die Palme unversehrt eingelangt, wurde sogleich verpflanzt und in der Mittelabtheilung des Palmenhauses aufgestellt.[184]

Bei der Erweiterung der Sammlung mussten die Hofgärtner oft nach strengen Vorgaben handeln. So hatten sie die Genehmigung des Obersthofmeisteramtes einzuholen, selbst wenn ihnen Pflanzen zum Geschenk angeboten wurden.[185]

Nach wie vor wurden auch Pflanzen aus Übersee geliefert. Zahlreiche österreichische Gesandte, vor allem in den tropischen Ländern, schickten regelmäßig Kisten mit Samen, Zwiebeln, Knollen oder kleineren Pflanzen nach Wien. Der Direktor des k. k. Orientalischen Museums in Wien beschaffte dank seiner Verbindungen »zu den vorzüglichsten Gärten im Orient« Samen und lebende Pflanzen. Als die SMS *Zenta* der k. u. k. Kriegsmarine ab 1902 eine handelspolitische Mission nach Afrika und Südamerika unternahm, nutzte man die Gelegenheit zur Ergänzung der Botanischen Sammlungen. Hofgartendirektor Anton Umlauft war besonders an der südafrikanischen und der australischen Flora interessiert, da ein Teil der wertvollen Bestände, die Franz Boos und Georg Scholl Ende des 18. Jahrhunderts nach Schönbrunn gebracht hatten, aufgrund der schwierigen Kulturanforderungen eingegangen war. Umlauft betonte, dass im Gegensatz zur einfach zu kultivierenden Tropenflora nur Spezialisten in der Lage seien, Pflanzen vom Kap und aus Australien erfolgreich zu betreuen; »... es ist eine Meisterschule, die

↑ Abb. 98 ***Ginkgo biloba*****, Foto: Gianmaria Gava**

↑ **Abb. 99 Robert Gordon: *Disa uniflora*, 1777/86, Rijksmuseum, Amsterdam**

die Cultivateure bei der Betreuung der australischen Flora durchmachen. Man wird dadurch zum Denken angespornt und zur hoechsten Stufe der Gaertnerei erzogen. Ausser in England u. zw. in Kew, besitzt kein Garten des Festlandes so reiche Sammlungen der Cap- und Australflora wie Schönbrunn, die jetzt billig completiert werden könnte.«[186] Aus dem Botanischen Garten in Durban, der laut Umlauft die komplette Natal-Flora, aber auch Bestände aus Australien und Neuseeland besaß, erhielt er Samen südafrikanischer und australischer Pflanzen, um die Schönbrunner Sammlung zu vervollständigen.

Die *Zeitschrift für Gärtner und Gartenfreunde* berichtete 1906, dass die Besatzung des Torpedokreuzers SMS *Panther* auf ihrer Reise nach Asien und Neuseeland, »es an allen während der Reise berührten und botanisch interessanten Orten an Bemühungen nicht [hat] fehlen lassen, den seitens der k. k. Hofgartendirektion geäußerten Wünschen nachzukommen.«[187] Auch Kapitäne der k. u. k. Handelsmarine brachten regelmäßig Samen, lebende Pflanzen und Erden, die ihnen von Gesandten oder befreundeten Wissenschaftlern in den Häfen übergeben worden waren, ins Kaiserreich.[188]

Obwohl jede Gelegenheit genutzt wurde, die Sammlungen zu erweitern, reichte diese Form der Akquisition nicht aus. Hofgartendirektor Umlauft berichtete im Dezember 1907 dem Obersthofmeisteramt, dass die Botanischen Sammlungen dringend Ersatz benötigten. Allerdings habe man schlechte Erfahrungen mit dem Tauschverkehr gemacht. Um das gewünschte Pflanzenmaterial zu erhalten, schlug er vor, die Generalkonsule in den betreffenden Ländern anzuschreiben und sie um Übersendung von Samen, Knollen und Zwiebeln zu bitten. Das Ministerium des Äußeren reagierte umgehend und sandte bereits im Jänner einen Erlass an die Konsulate aus.[189] Mit Erfolg: Im Laufe des Jahres 1908 trafen Kisten mit Samen, Knollen, Zwiebeln sowie lebenden Pflanzen aus den USA, Chile, Argentinien, Brasilien, Uruguay, Haiti, Curaçao, Kuba, Südafrika, Indien, Thailand, Vietnam, Indonesien, Australien, Neuseeland und Japan in Schönbrunn ein. Die Generalkonsule konnten oft auf die Unterstützung österreichischer Botaniker oder der örtlichen botanischen Gärten zurückgreifen. Der Wunsch des k. k. Außenministeriums schien so gewichtig gewesen zu sein, dass auch gegen örtliche Gesetze verstoßen wurde. Der österreichische Generalkonsul in Südafrika hatte den Direktor des Botanischen Gartens in Kapstadt um Hilfe bei der Beschaffung von *Disa uniflora* gebeten. Die Entnahme dieser am Tafelberg endemischen Erdorchidee vom Naturstandort war 1908 bereits per Gesetz verboten. Der Direktor schickte daher einen seiner Studenten »auf tagelange Wanderung«, um *Disa uniflora* für die kaiserliche Sammlung in Wien illegal auszugraben → **Abb. 99**. Die kostbare Ware, die laut Generalkonsul einen Wert von 1.400 Kronen hatte, wurde sorgfältig verpackt und mit den entsprechenden Kulturanweisungen persönlich einem Handelskapitän übergeben, der derlei Sendungen eigentlich nicht annehmen durfte. Ein Vertreter des Generalkonsulates in Hamburg sollte dann das Paket übernehmen, die Pflanzen versorgen und per Paketpost nach Wien schicken.[190]

Die Sammlungen werden für die Bevölkerung geöffnet

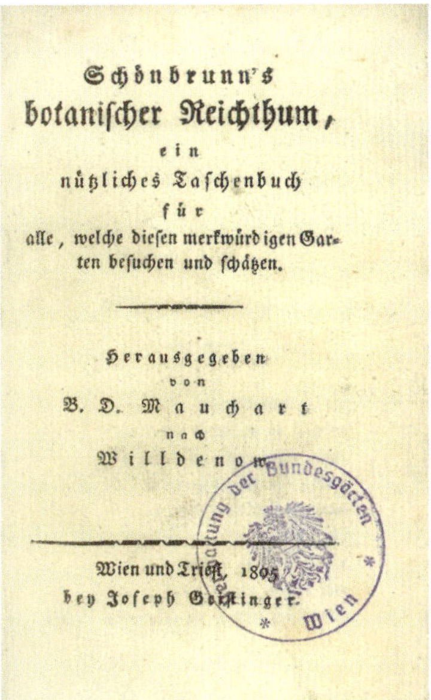
Schönbrunn's
botanischer Reichthum,
ein
nützliches Taschenbuch
für
alle, welche diesen merkwürdigen Garten besuchen und schätzen.

Herausgegeben
von
B. D. Mauchart
nach
Willdenow.

Wien und Triest, 1805
bey Joseph Geistinger.

Lange Zeit waren die Botanischen Sammlungen der Habsburger der kaiserlichen Familie und einzelnen, privilegierten Besuchern vorbehalten. Auch mit der Öffnung des Schlossgartens Schönbrunn für das bürgerliche Publikum im Jahr 1778 waren an Sonntagen nur Teile des Gartens und auch nur für einen genau definierten Personenkreis zugänglich.[191] Der Holländische Garten wurde vor allem für befreundete Pflanzensammler, Botaniker, Hofgärtner aus anderen Anlagen des In- und Auslandes, Reiseschriftsteller und besondere Personen geöffnet. Besucher mussten ihr fachliches Interesse nachweisen und durften nur unter Führung der zuständigen Hofgärtner den Holländischen Garten betreten. War der Hofgärtner anderweitig beschäftigt, wie im Fall des Potsdamer Gartengesellen Emil Sello, der auf seiner dreijährigen Gesellenreise fünf Monate in Wien verbrachte, dann blieb nur die Hoffnung auf einen geeigneteren Augenblick.[192] Hatten sie ein Empfehlungsschreiben vorzuweisen, so führte mitunter der Hofgartendirektor die Gäste selbst. So berichtete Ferdinand Jühlke, Handelsgärtner in Erfurt und Direktor des dortigen Gartenbauvereins sowie ab 1866 königlich-preußischer Gartendirektor, dass er bei seinem Besuch in Schönbrunn im Jahr

↑ **Abb. 100 B. D. Mauchart: Schönbrunns botanischer Reichtum, 1805, Österreichische Bundesgärten, Wien**

↓ **Abb. 101 Das Große Palmenhaus im Schlosspark Schönbrunn, Präsentationskatalog der Firma Ignaz Gridl, um 1890, Österreichische Gartenbau-Gesellschaft, Wien**

1860 persönlich von Hofgartendirektor Schott durch die Schönbrunner Gärten und die Pflanzensammlungen geführt wurde. In seinem Reisebericht drückte er seine Begeisterung über die Pflanzenschätze aus und betonte, dass der hervorragende Zustand der Pflanzen für die »Pfleger dieser Anstalt für Wissenschaft und Kunst ein glänzendes Zeugniß für ihre Befähigung« sei.[193]

Die breite Öffentlichkeit erfuhr immer wieder von den Besonderheiten der Sammlungen. Sowohl das 1816 gedruckte Verzeichnis über *Schönbrunns Flora*, verfasst von Hofgartendirektor Franz Boos und seinem Sohn Joseph erschien in einer hohen Auflage → **Abb. 63**, ebenso wie *Schönbrunns botanischer Reichtum* → **Abb. 100** von B. D. Mauchart. Beide Verzeichnisse wurden im handlichen und kostengünstigen Taschenformat herausgegeben, sodass sie durchaus als Pflanzenführer während eines Besuches des Holländischen Gartens verwendet werden konnten.

Darüber hinaus wurde ab April 1817 in der *Wiener Zeitschrift für Kunst, Literatur, Theater und Mode* unter der Rubrik »Für Liebhaber der Botanik« regelmäßig veröffentlicht, welche exotischen Pflanzen aktuell in den »Gewächshäusern des k. k. Hofgartens zu Schönbrunn« blühten. Es ist davon auszugehen, dass diese von den Hofgärtnern verfassten und vom Hof autorisierten Listen bei den Bürgerinnen und Bürgern zu mehr Interesse an den Pflanzensammlungen führten.

Ab 1827 bot sich ihnen regelmäßig die Gelegenheit, einzelne Schätze aus den Botanischen Sammlungen der Habsburger zu sehen. Auf Initiative von Carl Freiherr von Hügel fand 1827 in Wien die erste große Pflanzenausstellung in den Glashäusern des Schwarzenberg'schen Gartens am Rennweg statt → **Abb. 102**. Hügel hatte einen Kreis von garten- und pflanzenbegeisterten Adeligen um sich geschart, deren Ziel die Förderung der Gartenkultur in Österreich war. Aufgrund des Erfolges dieser ersten Veranstaltung wurden nun jährlich Pflanzenausstellungen in Wien durchgeführt und 1837 nach dem Vorbild bereits existierender Gartenbaugesellschaften in England und Deutschland die k. k. Gartenbau-Gesellschaft gegründet.[194] Der Kaiser und die Erzherzöge unterstützten die Veranstaltung durch großzügige Spenden und stellten Pflanzen aus den eigenen Sammlungen aus. Bis zum Ersten Weltkrieg veranstaltete die Gesellschaft jährlich mehrere Pflanzenausstellungen, an denen auch die k. k. Hofgärtner mit Exemplaren aus den Botanischen Sammlungen teilnahmen.[195] Endgültig für die Bevölkerung geöffnet wurden die Sammlungen nach dem Bau des Großen Palmenhauses in Schönbrunn, das seit 1883 für Besucherinnen und Besucher zugänglich ist → **Abb. 101**.[196]

→ Abb. 102 Darstellung der ersten Pflanzenausstellung in Wien, 1827, Österreichische Gartenbau-Gesellschaft, Wien

Tho. Ender fec.

SCHÖNBRUNN

PALMEN-
HAUS

Im Großen Palmenhaus werden in drei Klimazonen über 5.000 Pflanzen den Besucherinnen und Besuchern in einer nachempfundenen natürlichen Umgebung präsentiert.

Das Große Palmenhaus — ein Palast für exotische Pflanzen

Im Holländischen Garten wurden seit seiner Einrichtung im Jahr 1754 immer wieder neue Pflanzenhäuser errichtet, die vorhandenen repariert oder umgebaut. Ende des 19. Jahrhunderts war es dementsprechend eine Ansammlung verschiedener Häuser, die zum Teil nicht mehr dem Stand der Technik entsprachen.[197] In vielen anderen europäischen Gärten waren zwischenzeitlich moderne Glas-Eisenbauten für die Kultivierung und die Präsentation von Pflanzensammlungen errichtet worden.[198] Unmittelbar notwendig wurde ein neues Haus für die Pflanzen aufgrund der Baufälligkeit der alten Gewächshäuser. Nun sollten erstmals alle Bestände der Sammlungen in einem Glashaus gemeinsam ausgestellt werden. Das Kaiserhaus wünschte eine neue Lösung für die Präsentation der Sammlungen, die gleichermaßen repräsentativ wie modern sein sollte.

Im Frühjahr 1869 legte Franz Segenschmid, Hofsekretär im Hofbauamt, einen »Kostenüberschlag über die Herstellung eines neuen eisernen Glashauses« vor.[199] Gedacht war an eine Kombination aus gemauerter Rückwand und einer Glas-Eisenkonstruktion mit integriertem Heizgang. Ein erster Entwurf → Abb. 103, signiert von Segenschmid und mit dem Datum 1878 versehen, zeigt Ansicht, Grundriss und in einem weiteren Plan zwei Querschnitte. Das Glas-Eisengebäude weist einen mächtigen Mittelpavillon, zwei Seitenflügel mit Sheddächern und zwei Eckpavillons auf. Der rückwärtige gemauerte Versorgungsgang, eine Treppenanlage und die gemauerte Rückwand entsprechen den Positionen aus dem Kostenvoranschlag aus dem Jahr 1869. An welcher Stelle im Hofpflanzengarten dieses Gebäude errichtet werden sollte, ist nicht bekannt. Die gemauerte Rückwand lässt vermuten, dass es das alte Oktogonhaus am nördlichen Rand des Hofpflanzengartens ersetzen sollte. Darauf deutet die Tatsache hin, dass die Maße dieses ersten Entwurfes genau der Fläche des alten Oktogonhauses entsprechen. Die Kombination aus gemauerten Versorgungseinrichtungen und repräsentativer Glas-Eisenfront, wobei es sich nicht um ein klassisches Anlehngewächshaus handelt, wirkt unproportioniert, nicht zeitgemäß und gestalterisch wenig überzeugend. Diese erste Planung wurde nicht weiterverfolgt.

Im Sommer 1878 unternahmen Hofgarteninspektor Adolf Vetter und Franz Segenschmid eine Reise durch Deutschland, Frankreich und England, um dort die neuen Glaspaläste in Augenschein zu nehmen.[200] Im November übermittelte Vetter eine Zusammenstellung aller in Schönbrunn vorhandener Glashausflächen. Da die bisherigen Häuser eine Grundfläche von fast 4.200 Quadratmeter aufwiesen, mit dem neu geplanten jedoch nur 3.500 Quadratmeter zur Verfügung stünden, verwies Vetter auf die Notwendigkeit, weitere Flächen für die Kultivierung und Überwinterung von Dekorationspflanzen zu schaffen. »Nachdem die hohe Absicht dahingehend ist, den k. k. Hofpflanzengarten allmälig seiner eigentlichen Bestimmung näher zu bringen, um die möglichst reiche Vertretung aus den vorzüglichsten Pflanzenfamilien im besten Culturzustande zur Ansammlung zu bringen, so ergibt sich hieraus das Bedürfniß, daß genügende und der verschiedenen Pflanzengattungen entsprechend construirte Lokale zu errichten.«[201] Das Konzept eines großen Schauglashauses für mehrere Klimazonen war mit neuen Erfordernissen verbunden. Für Anzucht und Vermehrung sowie die Kultivierung von Reservepflanzen waren weitere Glashäuser nötig. Östlich des Tiergartens, im sogenannten Bärengraben, existierte bereits ein Reservegarten mit kleinen Glashäusern, die man nun teilweise neu errichtete und vergrößerte → Abb. 110. Hier wurden Dekorationspflanzen für

Abb. 103 Franz Segenschmid: Ansicht und Grundriss Palmenhaus, 1878, Österreichische Bundesgärten, Wien

das Große Palmenhaus kultiviert und Vermehrung sowie Züchtung durchgeführt.[202] Die so entstandene Trennung in öffentlich zugängliche Schauglashäuser und Kultivierungsglashäuser im nicht zugänglichen Reservegarten besteht bis heute.

Im folgenden Jahr legte Segenschmid einen neuen Entwurf vor, in dem das Palm House in Kew Gardens klar als Vorbild zu erkennen ist → Abb. 104. Doch anders als in Kew ist die Tragkonstrukti-

Abb. 104 Franz Segenschmid: Entwurf Großes Palmenhaus Schönbrunn, 1879, Österreichische Bundesgärten, Wien

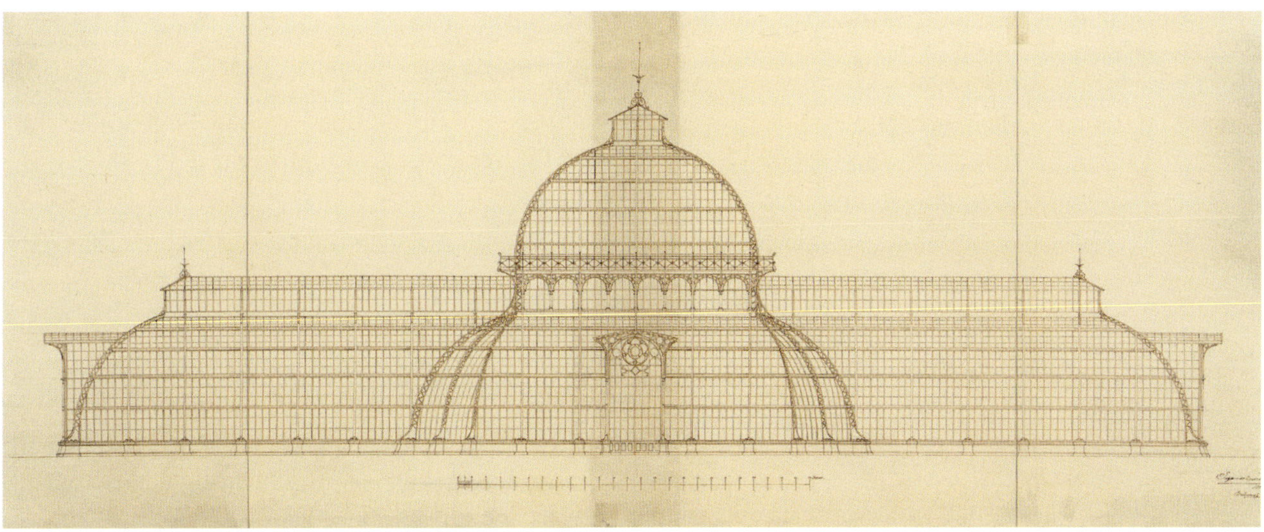

Abb. 105 Schnitt durch den Mittelpavillon des Großen Palmenhauses, um 1879, Österreichische Bundesgärten, Wien

on nach außen verlegt, wie beim 1869–71 errichteten Palmenhaus im Frankfurter Palmengarten. Aus weiteren Entwürfen ist ersichtlich, wie ausgehend vom Palm House in Kew in mehreren Schritten ein endgültiger Plan entwickelt und die ursprüngliche Idee der Eckpavillons wiederaufgenommen wurde. Die Länge variiert in den Entwürfen deutlich, von 80 bis 148 Meter; letztlich wurden es 90 Meter. Das Gebäude ist eine achsensymmetrische Glas-Eisenkonstruktion ohne gemauerte Rückwand. Sie lagert auf einem niedrigen, steinernen Parapet, von dem kreisbogenförmig gewölbt die Glaswände aufsteigen. → 105 und 106 Alle drei Pavillons sind mit einer Kuppel und einer abschließenden Laterne versehen, die Seitenflügel sind als Halbtonnen gestaltet, die ebenfalls von einer Laterne gekrönt sind. In die außenliegende Tragkonstruktion in Form von schmiedeeisernen Gitterfachwerkträgern sind die Glaswände eingehängt. Im Inneren stützen gusseiserne Pfeiler die Konstruktion. Die Verglasung mit schuppenförmig sich überlappenden Glastafeln war ursprünglich zweischalig. Die gesamte Eisenkonstruktion war innen und außen grau gefasst, die Gläser hatten einen leicht gelblichgrünen Farbton.[203]

1879 waren die Planungen so weit fortgeschritten, dass Gutachten über die Statik des Gebäudes und die Heiztechnik vorlagen und im Oktober mit dem Bau der Fundamente begonnen wurde. Auf der Grundlage des Planentwurfes von Segenschmid wurden ab 1880 nach und nach die Verträge mit den Handwerkern geschlossen.

Im Juli 1880 begann der auf Glashausbau spezialisierte »k.u.k. Hofschlosser und Eisenconstructeur« Ignaz Gridl mit der Lieferung der eisernen Konstruktion für den Mittelpavillon.[204] Die schmiedeeisernen Teile waren in der eigenen Schmiede gefertigt, die gusseisernen in der Firma R. Ph. Waagner. Im Angebot der Firma Gridl wird erstmals der Begriff »Palmenhaus« verwendet; die Hofgartenverwaltung sprach dagegen bis 1883 von dem »neuen Gewächshaus«. Südlich des Palmenhauses wurde das Heizhaus errichtet, in dem sich drei mit Kohle zu befeuernde Kessel befanden. Von hier verliefen unterirdisch die Stränge der Dampf-Wasserheizung in das Palmenhaus. → Abb. 105 Das Gebäude ist bis heute in drei Klimazonen unterteilt: Der in unmittelbarer Nähe des ursprünglichen Heizhauses gelegene südliche Eckpavillon beherbergt die Tropenabteilung, der Mittelpavillon die temperierte Abteilung und der nördliche Pavillon das Kalthaus.

Der Baufortschritt wurde von der Öffentlichkeit interessiert beobachtet. Noch vor der Fertigstellung veröffentlichte die *Wiener Illustrirte Gartenzeitung* eine Ansicht des neuen Baus. In dem zugehörigen Artikel bemängelte der Autor, dass der Architekt zu wenig Rücksicht auf die gärtnerischen Bedürfnisse gelegt habe und dass bisher zu wenig über die technischen Details an die Öffentlichkeit gelangt sei.

Am 17. Juni 1882 besuchte Kaiser Franz Joseph das neue Gebäude, das zu jenem Zeitpunkt noch leer stand. Über dieses Ereignis, das später als feierliche Eröffnung bezeichnet wurde, berichteten viele Tageszeitungen.[205] Wenige Tage später bestimmte der Kaiser per Dekret, die am Bau Beteiligten in »Anerkennung besonders verdienstvoller Leistungen« zu ehren. Architekt Segenschmid wurde der »eiserne Orden III. Classe«, seinem Assistenten Ferdinand Brunner ein Ingenieurstitel verliehen. Den beteiligten Firmen und Handwerkern wurde der »Ausdruck meiner [der kaiserlichen] Zufriedenheit bekannt gegeben«.[206]

Im Sommer 1882 erfolgte die Übersiedelung der Pflanzen aus dem Oktogonhaus und dem Caphaus → **Abb. 107**. Im Mittelpunkt des Kalthauses befand sich eine große *Araucaria columnaris*. → **Abb. 108** Carl Freiherr von Hügel hatte sie in den 1830er Jahren unter dem Namen *Cupressus columnaris* nach Österreich eingeführt und 1848 an den Fürsten Schwarzenberg verkauft. Da sie für dessen Gewächshäuser am Rennweg mittlerweile zu groß geworden war, fand sie im Palmenhaus eine neue Heimat.[207] Weitere Araucarien und andere Kalthausgewächse wie Baumfarne, Akazien, Proteen, Banksien, Kamelien und Azaleen sowie zahlreiche Zwiebelpflanzen wurden im Kalthaus im Winter bei 6 bis 8 °C, im Sommer bei 20 °C und 70 Pro-

Abb. 106 Projektplan zum Bau des Palmenhauses, um 1880, Österreichische Bundesgärten, Wien

Abb. 107 Plan für die Bepflanzung des Großen Palmenhauses, um 1882, Österreichische Bundesgärten, Wien

Abb. 108 Blick in das Kalthaus mit *Araucaria columnaris*, Präsentationskatalog der Firma Ignaz Gridl, um 1890, Österreichische Gartenbau-Gesellschaft, Wien

zent Luftfeuchtigkeit präsentiert. Im Zentrum des temperierten Mittelpavillons wuchs eine Chinesische Schirmpalme (*Livistona chinensis*). Bei 12 bis 15 °C im Winter und 25 °C im Sommer waren hier neben zahlreichen Palmen auch Cycadeen und tropische Baumfarne zu sehen. Im tropischen Warmhaus mit 16 bis 18 °C im Winter und bis zu 30 °C und 90 Prozent Luftfeuchtigkeit im Sommer waren die von Heinrich Wilhelm Schott zusammengetragene Aroidensammlung und tropische Nutzpflanzen zu bewundern.

Über das Palmenhaus berichteten zahlreiche Fachzeitschriften und Zeitungen. Nicht alle äußerten sich so enthusiastisch wie der anonyme Autor, der 1884 das Palmenhaus als »Riesenkrone mit schön geschwungenen Linien« bezeichnete.[208]

Das Interesse des Publikums war so groß, dass die gärtnerischen Tätigkeiten behindert wurden, woraufhin man im April 1884 die Besuchszeiten auf montags und donnerstags von 14 bis 17 Uhr beschränkte.[209] Bis zum Ende der Monarchie änderte man Öffnungszeiten immer wieder; wenn Pflegearbeiten es erforderten, wurde das Palmenhaus ganz geschlossen.

Neben der Dauerbepflanzung gab es regelmäßige Wechselausstellungen mit besonderen Blütenpflanzen, die in den Glashäusern des Reservegartens vorgezogen und dann im Palmenhaus präsentiert wurden → Abb. 145. Nach der anfänglichen großen Begeisterung hatte man sich rasch an das ungewöhnliche Gebäude gewöhnt. Zwar wurde immer noch in blumiger Sprache vom Palmenhaus als »Feenmärchen« und »paradiesischer Welt« berichtet, letztendlich war es jedoch zu einem vertrauten Ort geworden. Lediglich der Anblick des Heizhauses mit seinem hohen Rauchfang sowie dessen Emissionen erregten immer wieder Ärgernis. Auch den Gärtnern bereitete die Heizanlage scheinbar Probleme. Segenschmid berichtete im März 1883 verärgert an das Obersthofmeisteramt, dass Hofgarteninspektor Vetter einen Teil der Heizkanäle im Warmhaus mit Brettern und einer Schotterschicht abgedeckt und Pflanzen daraufgestellt habe. Vetter rechtfertigte sein Vorgehen mit dem Hinweis, dass die Pflanzen, wenn man sie direkt auf die Heizkanäle stelle, eingehen, und er beabsichtige, noch weitere Kanäle auf diese Weise zu überdecken.[210]

Im Winter 1882/83 wurden das Oktogonhaus und das alte Caphaus abgetragen. 1884 erfolgte die Neugestaltung der gesamten Umgebung des Palmenhauses nach Plänen von Adolf Vetter. Die landschaftliche Gestaltung von 1828/29 gab man zugunsten eines historistischen Parterres mit in Form geschnittenen Koniferen und Blumenbeeten auf → Abb. 109. Die bereits im Bärengarten vorhandenen Glashäuser wurden erweitert, sie hatten jetzt die Funktion eines Reservegartens inne. Das im Jahr 1904 neu gebaute Sonnenuhrhaus nahm die Sammlung der Neuholländerpflanzen auf. Wieder erhielt die Firma Gridl den Bauauftrag.[211] Auch für die private Sammlung im Hofburggarten war bereits ein neues Palmenhaus errichtet worden. Das alte Remy'sche Glashaus war 1901 abgetragen worden, nachdem der Architekt Friedrich Ohmann ab 1899 Pläne für einen Neubau entworfen hatte. Um den Höhenunterschied zu überwin-

Abb. 109 Großes Palmenhaus und der neu gestaltete Palmenhausgarten, um 1900, Österreichische Bundesgärten, Wien

den, errichtete Ohmann eine Terrasse mit einer Freitreppe zum Garten, auf der sich das neue Glashaus befindet. Der von der Firma R. Ph. Waagner ausgeführte Glas-Eisenbau besteht aus einem Mittelrisalit mit Tonnengewölbe, je einem Seitenflügel mitsamt Torgebäude und einem weiteren Seitenflügel an der Südseite. Rückwärtig lehnt die Glas-Eisenkonstruktion an die Augustinerbastei an. Die Torgebäude sind aus Stein gemauert und weisen wie die Parapets der Seitenflügel und die Kolonnade des Mittelpavillons reichhaltigen Skulpturenschmuck auf.[212]

Den Ersten Weltkrieg überstanden alle Schauhäuser und ihre Pflanzen trotz knappem Heizmaterial weitestgehend unbeschadet. Im Schlossgarten Schönbrunn hatten einzelne Palmen im Mittelpavillon mittlerweile das Glasdach in der Laterne erreicht; als eine erste Maßnahme wurden die Kronen heruntergebogen, bis sie gefällt und durch kleinere Exemplare aus dem Reservegarten ersetzt wurden. Die regelmäßigen Ausstellungen im Palmenhaus wurden auch in der Republik organisiert und der hohe Aufwand für die Erhaltung des Gebäudes weiter betrieben.

Nach dem Einmarsch der Wehrmacht im März 1938 und dem »Anschluss« der Republik Österreich an das Deutsche Reich wurden die Österreichischen Bundesgärten von den Staatlichen Schlössern und Gärten in Potsdam verwaltet. Ernst Gall, ihr Direktor, besuchte im Juni 1942 Schönbrunn und befand, dass der Bau »des riesigen Palmenhauses um 1882 [...] hart die Grenze des nur irgend Erwünschten [streife]«.[213] Anders als Gall hatte die NS-Propaganda jedoch den hohen Identifikationswert des Palmenhauses erkannt. Ab 1940 fanden hier regelmäßig Veranstaltungen der Winterhilfssammlungen statt, und in den Feuilletons der gleichgeschalteten Presse wurde mit »tropischem Naturerlebnis«, »Blütenwunder«, »Kurort Palmenhaus«, »Frühlingstraum« und dem »Reich der vieltausend Blüten« eine heile Welt im Krieg vorgegaukelt.[214] Am 19. Februar 1945 fielen Bomben auf den Schlosspark Schönbrunn. Das Palmenhaus wurde nicht direkt getroffen, die Druckwellen zerstörten jedoch die Verglasung fast vollständig → Abb. 111.[215] Soweit möglich retteten die Bediensteten die transportablen, in Kübeln kultivierten Pflanzen vor der Kälte und brachten sie in das Orangeriegebäude. Von den ausgepflanzten Gewächsen wurden soweit möglich Stecklinge geschnitten, bevor die Pflanzen erfroren.

Das Schönbrunner Palmenhaus war mittlerweile zu einem Wahrzeichen geworden, sodass die Wiederherstellung des Gebäudes nach Kriegsende selbstverständlich war. Zunächst musste die Eisenkonstruktion repariert werden. Anders als ursprünglich wurden die äußeren Eisenteile nun grün gestrichen. Größtes Problem war die Beschaffung von 12.000 Quadratmetern Glasscheiben. Aufgrund des allgemeinen Materialmangels konnten die Arbeiten erst 1952 abgeschlossen werden; nach der Wiederbepflanzung wurde das Palmenhaus im Jänner 1953 wiedereröffnet.[216] Da der Wiederaufbau in Teilen nur notdürftig erfolgt war und man in der Nachkriegszeit die regelmäßige Wartung vernachlässigt hatte, traten bald wieder Schäden auf. Vor allem beeinträchtigte starker Rostbefall an den tragenden Elementen die Statik des Gebäudes, und 1976 musste das Palmenhaus für den Besucherverkehr geschlossen werden.[217] Die umfassende Sanierung erfolgte schließlich ab 1986. Die komplette Verglasung wurde entfernt, die Eisenkonstruktion entrostet, stark befallene Eisenteile ersetzt und einige neue Träger und Verstärkungselemente eingezogen. Man entschied sich, die vorhandene Doppelverglasung durch eine Einfachverglasung zu ersetzen. In Anlehnung an die alte Verglasung wurden Glasscheiben mit gebogenen Alusprossen schindelartig verlegt. Auch wenn sich die neue Verglasung an die alte anlehnt, ist der originale Eindruck der Doppelverglasung als wichtiges Element dieses Baukörpers verloren gegangen. Der Eingang am Nordportal des Kalthauses wurde geschlossen und an der Westseite des Mittelpavillons ein Einbau für Kassa und Sanitäranlage errichtet. Vier Jahre nach Beginn der Arbeiten konnte das Palmenhaus für das Publikum wiedereröffnet werden. In den Jahren 2011 bis 2014 erfolgte erneut wegen starken Rostbefalls eine abschnittweise Sanierung des Palmenhauses zum Teil bei laufendem Betrieb.[218]

Abb. 110 Glashäuser im alten Reservegarten, um 1920, Österreichische Bundesgärten, Wien

Abb. 111 Die zerstörte Verglasung des Großen Palmenhauses, 1945, Österreichische Bundesgärten, Wien

BURGGARTEN

PALMEN-HAUS

Burggarten Palmenhaus

Das von Friedrich Ohmann geplante Palmenhaus im Burggarten wurde ab 1901 von der Eisenkonstruktions-Firma R. Ph. Waagner errichtet.

Burggarten Palmenhaus

Burggarten Palmenhaus

Burggarten Palmenhaus

Burggarten Palmenhaus

DIE

180

»… doch wenige wissen, daß Schönbrunn eine Pflegestätte ganz hervorragender Pflanzenschätze ist, daß dieser Garten einzigartige Pflanzen beherbergt, die in der Heimat ausgestorben sind und daher einen ungeheuren Seltenheitswert besitzen.«[219]

Friedrich Rottenberger, 1934

PFLANZENARCHE

Abb. 112 *Begonia rex* aus den k. k. Hofgärten, aus: Endlicher's Paradisus Vindobonensis, 2 Bde., Wien 1844–1860, Österreichische Bundesgärten, Wien

Die Kenntnis um die vielen neu in die europäischen Gärten kommenden Pflanzen hatte sich wie ein Lauffeuer verbreitet. Die Pflanzen wurden in Zeitschriften wie in der seit 1787 ununterbrochen erscheinenden botanischen Fachzeitschrift *Curtis's Botanical Magazine* beschrieben und abgebildet sowie auf Ausstellungen stolz präsentiert.

Die Kenntnisse um die Kultivierung der neu eingeführten Pflanzen waren allerdings oft mangelhaft. 1839 klagte der Präsident der k.k. Gartenbau-Gesellschaft Carl Freiherr von Hügel darüber, dass »kaum eine Pflanze unter zehn das zweite Jahr nach ihrer Einführung überlebte«.[220]

Manchmal wurde das Interesse an einzelnen Pflanzen so groß, dass sie zu Spekulationsobjekten wurden. Am berühmtesten ist sicher das Tulpenfieber der 1630er Jahre in den Niederlanden, in dessen Folge sich die Preise für Tulpenzwiebeln in aberwitzige Höhen schraubten, bis schließlich die Blase platzte und

Abb. 113 *Cattleya labiata*, aus: Curtis's Botanical Magazine, 1843, Österreichische Bundesgärten, Wien

Händler und Spekulanten große Verluste einfuhren. Aber auch mit vielen Pflanzen wurde spekuliert. So erwarb 1856 der Brüsseler Botaniker Jean Linden vom Londoner Auktionshaus J. C. Stevens eine *Begonia rex* für die außerordentliche Summe von 10.000 Francs.[221] Diese Pflanze hatte Charles J. Simons aus Assam eingeführt. Mit ihren bunt gemusterten Blättern entsprach sie dem Geschmack des viktorianischen Zeitalters. → **Abb. 112** Nach erfolgreicher Vermehrung verkaufte Linden Anfang 1858 schöne Exemplare für 50 Francs. Aufgrund der einfachen Vermehrung von Begonien durch Blattteilstecklinge war nach wenigen Monaten der Preis bereits auf 1 bis 2 Francs pro Pflanze gefallen.[222]

Andere Pflanzen konnten jedoch lange nicht in Europa vermehrt werden, wie zum Beispiel Orchideen. Daher musste regelmäßig für Nachschub aus den Herkunftsländern gesorgt werden. Der englische Pflanzenhändler William Cattley bekam 1817 eine Orchideenlieferung aus Brasilien. Als die erste dieser Pflanzen große, lavendelfarbene Blüten hervorbrachte, nannte der Botaniker John Lindley sie *Cattleya labiata* → **Abb. 113**.[223] Die Nachfrage nach den Schönheiten aus den Tropen war kaum zu stillen. Pflanzenjäger grasten auf eigenes Risiko oder im Auftrag von Handelsgärtnereien die tropischen Wälder ab. Auf der Suche nach neuen Gattungen und Arten wurden die Orchideen an manchen Naturstandorten fast ausgerottet.[224]

Mit diesem massiven Raubbau an fremden Ressourcen wurde das ökologische Gleichgewicht in den Ursprungsgebieten gestört und die Lebensgrundlage der indigenen Bevölkerung zum Teil vernichtet. Den Entdeckern und Eroberern waren diese Konsequenzen lange Zeit nicht bewusst oder sie wurden schlicht ignoriert.

Als einer der Ersten hatte Alexander von Humboldt darauf aufmerksam gemacht. Während seiner Forschungsreise durch den amerikanischen Kontinent in den Jahren 1799 bis 1804 hatte er den Zusammenhang zwischen der Zerstörung natürlicher Vegetation, wie zum Beispiel das Abholzen der Wälder oder das Trockenlegen von Gewässern, und der Veränderung des lokalen Klimas bemerkt. Ebenso stellte er fest, dass diese Veränderungen nachhaltige negative Auswirkungen auf die Lebensbedingungen der einheimischen Bevölkerung haben.[225] Er wies wiederholt darauf hin, dass scheinbar kleine Eingriffe eine große Wirkung hatten.

Ende des 19. Jahrhunderts setzte allmählich eine Wende ein. Durch die industrielle Revolution hatten sich in Europa Produktionsprozesse und Lebensbedingungen tiefgreifend gewandelt. Vermehrt wurden Klagen über Umweltverschmutzung aufgrund der Rauchbelastung infolge der Industrialisierung geäußert. Die Veränderungen in der Natur wurden zunehmend auch von Malerei und Literatur rezipiert. So beschrieb 1869 der englische Maler und Schriftsteller John Ruskin (1819–1900), wie sich der Schnee in den Hochalpen innerhalb von 35 Jahren verändert hatte. Das Blau des Himmels sei durch Rauchwolken verdorben und der Schnee schmelze auf den Gletschern, »als ob die Hölle ihren Atem darüber hingehaucht hätte«.[226]

Die Auswirkungen des weltweiten Raubbaus an der Natur leiteten allmählich ein Umdenken bei den Verantwortlichen für die Sammlungen tropischer sowie heimischer Pflanzen ein. Mit der systematischen Erforschung und Kartierung von Biotopen wurde sowohl in Übersee als auch in Europa begonnen. Darüber hinaus beschäftigte man sich intensiv mit der Vermehrung von Pflanzen in den botanischen Sammlungen, um die Bestände aus sich selbst heraus erhalten zu können. Man wurde sich zwar der Verantwortung für die Erhaltung der in den eigenen Beständen kultivierten, am Naturstandort gefährdeten oder bereits ausgestorbenen Pflanzen zunehmend bewusst. Gelöst ist dieses Problem bis heute jedoch nicht.

Die Einrichtung erster Nationalparks in den USA und die Klassifizierung von Naturdenkmälern in Europa Ende des 19. Jahrhunderts führten zu den Gesetzesgrundlagen für den Schutz von Landschaften und einzelner Spezies.[227] Die Gründung von Vereinen und Interessenvertretungen, die sich den Naturschutz auf die Fahnen geschrieben hatten, erzeugte zusätzlich gesellschaftlichen und politischen Druck.

Sammeln als Arterhalt

Auch in den Alpen nahm an viel frequentierten Orten die Vielfalt der Flora aufgrund rücksichtslosen Sammelns und Ausgrabens durch Wanderer und Händler ab. Auf Initiative des *Österreichischen Gebirgsvereines* und des in Bamberg ansässigen *Vereines zum Schutze und zur Pflege der Alpenpflanzen* wurde ab 1901 unter der Leitung Richard Wettsteins, Professor für Botanik an der Universität Wien, auf der Rax ein Alpengarten angelegt **→ Abb. 114.**[228] Der Gärtner Julius Polese, im Botanischen Garten der Universität Wien und im Belvederegarten tätig, betreute nicht nur viele Jahre diese In-situ-Sammlung, sondern führte auf seinen zahlreichen Wanderungen in vielen europäischen Hochgebirgen akribische Listen über die dort vorkommenden Hochgebirgspflanzen. Die Alpengärten auf der Rax und im Wiener Belvedere wurden lange von denselben Gärtnern betreut und es fand daher ein intensiver Austausch zwischen den beiden Standorten statt.[229]

Auch in den kaiserlichen Hofgärten änderte sich im späten 19. Jahrhundert allmählich die Motivation für das Sammeln von Pflanzen. Im Vordergrund stand nun der dekorative Aspekt. Es waren nun vor allem die Hofgärtner, die die Pflanzensammlungen in schwierigen Zeiten weiterpflegten, bisweilen entgegen den Anordnungen der Vorgesetzten. So hatte beispielsweise das Obersthofmeisteramt im August 1866 die Hofgartendirektion darüber informiert, dass »mit Wissen des Kaisers« der Beschluss gefasst wurde, »die k. k. Orangerie zu Schönbrunn gänzlich aufzulassen«.[230] Dass die Orangeriepflanzen entgegen der Anordnung weiter kultiviert wurden, scheint vor allem ein Verdienst des Leiters des Schönbrunner Hofgartens, Adolf Vetter, gewesen zu sein. 60 Jahre später verwies Gartendirektor Friedrich Rottenberger darauf, dass durch schlechte Beratung wohl der Entschluss zur Abschaffung der Pflanzen gefallen sei und man nun den Schwerpunkt auf Dekorations- und Blütenpflanzen bei Hoffesten legen wollte. »Zum Glück hat der zur Leitung Schönbrunns berufene […] Adolph Vetter diesen Auftrag nur in beschränkter Form ausgeführt und Sorge getragen, daß so viel als möglich Pflanzen von botanischem Werte erhalten blieben.«[231] Den Hofgärtnern war der hohe botanische Wert dieser Sammlung durchaus bewusst und ebenso, dass sie einen wichtigen Beitrag zum Erhalt bedrohter Arten leisten konnten. Aufgrund nationaler Gesetze war es an immer mehr Naturstandorten auch nicht mehr möglich, Pflanzen zu entnehmen. Hofgartendirektor Anton Umlauft wies etwa 1903 darauf hin, dass viele Banksien-Arten im Aussterben begriffen seien. »Pflicht und Aufgabe der Botaniker und Gaertner ist es, hier erhaltend einzugreifen.« **→ Abb. 115**[232] Bereits ein Jahr zuvor teilte er dem Obersthofmeisteramt seine Sorge um die bedrohte

Abb. 114 Die Eröffnung des Alpengartens auf der Rax, 1903, Österreichische Bundesgärten, Wien

Flora Australiens und Südafrikas mit.[233] In einer 1902 verfassten *Kurze[n] Anleitung zum Sammeln seltener Pflanzen in Südafrika und Australien für die k. k. Hofgärten* wird darauf hingewiesen, dass durch den Anbau »fremder Kulturpflanzen und die auf weite Länderstrecken sich ausdehnende Schafzucht« sich der Vegetationscharakter sowohl in Australien als auch in Südafrika bereits sehr zum »Nachtheil der ursprünglichen Pflanzendecke« verändert habe. → Abb. 116 Zahlreiche Pflanzen seien schon vom Aussterben bedroht. Der Autor bildet einzelne Pflanzen an ihrem natürlichen Standort ab, mit dem Hinweis, dass sie dort vermutlich bereits ausgestorben seien. Das Interesse der k. k. Hofgärten an diesen Pflanzen sei daher nicht nur ein botanisches, sondern auch ein pflanzengeographisches.[234]

↑ **Abb. 115 Anton Umlauft, 1908, Österreichische Gartenbau-Gesellschaft, Wien**

→ **Abb. 116 »Encephalartos ghellinckii – Südafrika, wenn nicht schon ausgestorben«, aus: Sammelanweisung für die Hofgärtner, 1902, Österreichische Bundesgärten, Wien**

Der k. k. Hofgarten und die Wiener Herbarien: Kooperation als Triebfeder botanischer Forschung

Heimo Rainer und Andreas Berger

Abb. 117 Die Botanische Sammlung des Naturhistorischen Museums Wien beherbergt rund 5,5 Millionen konservierte Pflanzen, Pilze, Flechten, diverse Gruppen von Bakterien und anderen Organismen aus der ganzen Welt, Foto: Christina Rittmannsperger / Naturhistorisches Museum, Wien

Seit Jahrhunderten sammelten und kultivierten die k. k. Hofgärten Nutz- und Zierpflanzen sowie andere heimische und exotische Gewächse zu repräsentativen Zwecken für den kaiserlichen Hof. Gefördert durch ein vielseitiges Interesse des Hauses Habsburg, entwickelten sich die Gärten zudem zu einem der größten Akteure und Anlaufstellen der botanischen Erforschung der Länder der Monarchie und weit darüber hinaus. Die daraus hervorgegangenen Österreichischen Bundesgärten sind auch heute noch wichtiger Teil der hiesigen Forschungsinfrastruktur. Die in den Reservegärten im Schlosspark Schönbrunn, im Belvederegarten und anderen Standorten aufgestellten Lebendsammlungen gehen auf die vom Kaiserhaus geförderten Expeditionen in damals botanisch weitgehend unerforschte Länder wie Brasilien oder Südafrika zurück, was den Hofgärten und ihren Sammlungen auch im internationalen Kontext Bedeutung verlieh.

Prominente Akteure wie die Botaniker und Hofgartendirektoren Nikolaus Joseph Freiherr von Jacquin, Franz Boos oder Heinrich Wilhelm Schott sammelten auf ihren Forschungsreisen um die Welt Samen, Zwiebeln, Stecklinge und weiteres Lebendmaterial, das seinen beschwerlichen Weg in die Wiener Hofgärten fand, um dort kultiviert zu werden. Zum einen galt es, neue exotische Zierpflanzen sowie wirtschaftlich bedeutende Nutzpflanzen zu entde-

cken, zum anderen waren die Expeditionen stets auch wissenschaftlich motiviert. Botanische Grundlagenforschung war essenzieller Bestandteil dieser Bemühungen. So wurden in den Gärten nicht nur Pflanzen gezogen, sondern auch umfangreiche Versuche zu Kulturtechniken, Physiologie, Kreuzungen, Vererbung und anderen Bereichen angestellt.

Um noch unbekannte Pflanzenarten vollständig beschreiben und systematisch einordnen zu können, ist die Kenntnis von Blüten und Früchten notwendig. Dies ist bei Pflanzen, die in ihrem natürlichen Lebensraum gesammelt wurden, oft nicht der Fall. Daher mussten die gesammelten Pflanzen zunächst in Kultur zur Blüte und Frucht gebracht werden, um detailliertere Analysen vornehmen, die Arten zu bestimmen oder neue zu beschreiben und Illustrationen von ihnen anzufertigen zu können. Ergebnis dieser Arbeiten waren Prachtwerke wie Jacquins *Plantarum rariorum horti caesarei Schoenbrunnensis*[235] oder Schotts *Aroideae Maximilianae*[236] sowie unzählige weitere publizierte und unpublizierte Abbildungen, welche auf die in Schönbrunn kultivierten Arten zurückgehen → **Abb. 118–120**.

Hierbei war es nicht ungewöhnlich, vielleicht sogar wesentlich, sich der verschiedenen hiesigen Forschungsnetzwerke zu bedienen, sich zwischen verschiedenen Institutionen zu bewegen und deren Ressourcen zu nutzen, zu kooperieren und Material untereinander auszutauschen. Jacquin zum Beispiel sammelte von 1754 bis 1759 in der Karibik zunächst Lebendpflanzen für die kaiserlichen Gärten in Schönbrunn, wurde 1768 Professor für Botanik und Direktor des Botanischen Gartens der Universität Wien und später wissenschaftlicher Leiter des Schönbrunner Hofgartens. Sein umfangreiches Herbarium, also von ihm auf Reisen und in Gärten gesammelte, konservierte und gepresste Pflanzen, befindet sich in großen Teilen in den botanischen Sammlungen des Naturhistorischen Museums Wien, an die es über seinen Sohn

Abb. 118 Herbarbeleg von *Anthurium malyi* Ferd. Maxim. ex Schott (jetzt *Anthurium radicans* K. Koch & Haage) aus dem Herbarium von H. W. Schott, Naturhistorisches Museum, Wien

und Nachfolger Josef Franz von Jacquin gekommen ist.

Zur dauerhaften Dokumentation der auf Expeditionen gefundenen oder kultivierten Pflanzen war das Anlegen von Herbarbelegen unabdingbar. Waren die Lebendsammlungen der Hofgärten empfindlich gegen Schädlinge, Kulturfehler und Ähnliches, konnte das konservierte Material für spätere wissenschaftliche Bearbeitung gesichert und für die Nachwelt bewahrt werden. Hierfür wurden Pflanzen durch Pressen und Trocknen haltbar gemacht und mit entsprechenden Fundinformationen versehen auf Karton aufgeklebt. Der berühmte Botaniker, Forschungsreisende und Dichter Adelbert von Chamisso bemerkte in seinem populären Botanik-Lehrbuch von 1827 hierzu beispielsweise: »Dem Botaniker ist ein Herbarium notwendig. Das Herbarium ist sein lebendes Gedächtnis, darin liegt ihm zu jeder Zeit die Natur zur Ansicht, zur Vergleichung, zur Untersuchung vor.«[237]

Da die Hofgärten über kein eigenes Herbarium und nur über eingeschränkte Forschungsinfrastruktur verfügten, war die Zusammenarbeit mit den einschlägigen Institutionen der damaligen Wiener Wissenschaftslandschaft unerlässlich: Diese waren das 1807 gegründete Herbarium des k. k. Hof-Naturalienkabinetts und des daraus hervorgegangenen und 1889 eröffneten k. k. Naturhistorischen Hof-Museums, das heutige Naturhistorische Museum Wien → Abb. 117, sowie das 1879 gegründete Herbarium der Universität Wien.

In beiden Sammlungen finden sich unzählige Herbarbelege, die von den umfangreichen Sammlungen der in den k. k. Hofgärten kultivierten Pflanzen über die Jahrhunderte hinweg zeugen und eine historische Momentaufnahme des Sammlungsbestandes darstellen. Zwar gibt es einige historische Sammlungskataloge, die die reiche Ausbeute der Expeditionen und Sammeltätigkeiten dokumentieren, doch entsprechen die Bestimmungen oft nicht mehr dem heutigen Kenntnisstand,

Abb. 119 Originalzeichnung von *Anthurium malyi* Ferd. Maxim. ex Schott zu H. W. Schotts Prachtwerk *Aroideae Maximilianae*. Die Zeichnung ist Teil der Serie »Icones Aroideae«, die unter der Leitung von H. W. Schott entstand und weitgehend unveröffentlicht ist, Naturhistorisches Museum, Wien

Abb. 120 *Anthurium malyi*, aus: J. J. Peyritsch: Aroideae Maximilianae, Wien 1879, Österreichische Gartenbau-Gesellschaft, Wien

da viele Pflanzen nicht selten falsch benannt wurden. Die tatsächliche Identität der kultivierten Pflanzen kann daher nur anhand der in den Herbarien hinterlegten Exemplare überprüft werden. Historische Sammlungsschwerpunkte und Pflanzenbestände können so eingeordnet werden, um den historischen Kontext der Sammlungen im Spannungsfeld zwischen Forschung und Repräsentation zu verstehen.

Während Herbarbelege ursprünglich als Vergleichsmaterial für wissenschaftliche Untersuchungen oder zur Dokumentation interessanter Funde dienten, hat der technologische Fortschritt ungeahnte Möglichkeiten eröffnet, diese Sammlungen auch im getrockneten Zustand auf vielfältige Weise zu nutzen. Neue Arten werden anhand des gesammelten Materials entdeckt und taxonomisch beschrieben, chemische Analysen führen zur Entwicklung neuer Medikamente, die DNA-Sequenzierung erlaubt ungeahnte Einblicke in Verwandtschaftsverhältnisse, und Verbreitungsdaten ermöglichen es, die Auswirkungen der globalen Erwärmung und die Biodiversitätskrise zu untersuchen.

Moderne Forschung in der Ökologie und den Pflanzenwissenschaften erfordert lebende Pflanzensammlungen, ein Herbarium und andere universitäre und außeruniversitäre Forschungseinrichtungen. Als solches stellen die historischen Pflanzensammlungen in den Wiener botanischen Gärten und Herbarien zusammen eine der größten Forschungsinfrastrukturen ihrer Art dar. Ein weitgehend ungenutzter Schatz, der bei der Beantwortung aktueller Fragen eine wesentliche Rolle spielen und damit einen wichtigen Beitrag für die Gesellschaft leisten kann.

Anton Hefka und die Orchideensammlung

Orchideen waren im 19. Jahrhundert heißbegehrte, aber schwer zu beschaffende Modepflanzen. Wie erwähnt, war in den Hofgärten der Bestand durch den Ankauf verschiedener privater Sammlungen in der zweiten Hälfte des 19. Jahrhunderts massiv angewachsen. Die eigene Vermehrung der Pflanzen war bis zum Ende des Jahrhunderts nur über die Teilung von Stöcken möglich; auch führte mangelndes Wissen um die besonderen Kultivierungsbedingungen der unterschiedlichen Gattungen immer wieder zu größeren Verlusten. Erst 1843 wurde in England der erste Orchideenratgeber publiziert, in dem John Charles Lyons seine langjährigen Erfahrungen inklusive eines Kulturführungskalenders und eines Sortenkataloges festgehalten hatte; 1851 lag das Werk in deutscher Übersetzung vor.[238] Drei Jahre später erschienen die *Praktischen Studien zu der Familie der Orchideen* aus der Feder des Wiener Hortologen und Generalsekretär der k. k. Gartenbau-Gesellschaft Joseph Georg Beer, dessen Orchideensammlung die k. k. Hofgärten wenige Jahre später ankaufen sollten.[239]

Die Züchtung von Orchideen war jedoch immer noch nicht möglich. In der Natur erfolgt die sehr spezialisierte Bestäubung der Orchideen vor allem durch Insekten. Den winzigen Samen der Orchideen fehlt das Endosperm, ein für die Entwicklung wichtiges Nährgewebe, das sich zwischen Embryo und Samenschale befindet. Erst 1899 entdeckte der französische Botaniker Noël Bernard, dass zur Keimung und Ernährung des Embryos ein Pilz benötigt wird. Es gelang Gärtnern aber schon vor Bernards Entdeckung, die Orchideensamen zum Keimen zu bringen, da in den verwendeten Substraten meist auch Schimmelpilze vorhanden sind.[240]

Unter diesen erfolgreichen Kultivateuren und Züchtern war der Schönbrunner Hilfsgärtner Anton Hefka (1872–1914). Er war nach Lehrzeit und ersten Arbeitsjahren in einer auf Orchideen spezialisierten Handelsgärtnerei 1891 in den Dienst der k. k. Hofgärten gekommen. Bereits nach zwei Jahren wurde er von Hofgartendirektor Anton Umlauft mit der Kultur der Schönbrunner Orchideensammlung beauftragt.[241]

Hefka beschäftigte sich seit 1898 gezielt mit Kreuzung und Aussaat von Orchideen → Abb. 121. Zunächst gelang es ihm, Samen auf befeuchteten, frisch abgeschnittenen Aststücken von Mandelbäumen zum Keimen zu bringen. Hefka war die Entdeckung Noël Bernards,

← **Abb. 121 Anton Hefka im Orchideensämlingshaus im Reservegarten Schönbrunn, 1901, Österreichische Bundesgärten, Wien**

dass für die Keimung der winzigen Orchideensamen ein Wurzelpilz benötigt wird, durchaus bekannt. Er war jedoch der Meinung, dass für den praktischen Gärtner diese Methode noch nicht genug ausgereift sei. Da er selbst gute Erfolge bei Aussaatversuchen erzielt hatte, glaubte er, dass man auf die Zugabe von Wurzelpilzen verzichten könne. Solche Aussaatversuche hatte er auf verschiedenen Substraten vorgenommen. Zwar keimten die Samen sowohl auf Moos, Erde, Sand, Stein, Topfscherben, Baumwoll-Lappen, Torf als auch Aststücken. Die Ergebnisse waren jedoch aus unterschiedlichen Gründen nicht zufriedenstellend. Erst Sägemehl aus Fichtenholz brachte die gewünschten Erfolge und ermöglichte die großen Fortschritte der Orchideenzucht in den Glashäusern Schönbrunns.[242] Unbewusst bestätigte Hefka damit Bernards Erkenntnis, denn die Keimung der Orchideensamen auf Sägemehl funktioniert nur aufgrund der vorhandenen Schimmel- und holzzersetzenden Pilze. Auf der österreichischen Reichs-Gartenbauaustellung im Jahr 1901 konnten die Schönbrunner Hofgärten neben blühenden Orchideen auch 3.000 pikierte Sämlinge als Beweis für ihre Erfolge in der Aussaat ausstellen.[243]

Hefka war 23 Jahre in den Pflanzensammlungen im Schlosspark Schönbrunn tätig. In dieser Zeit gelang es ihm, die Orchideensammlung mit etwa 30.000 Einzelpflanzen in 1.400 Arten zu einer der größten und wertvollsten in Europa auszubauen.[244] Er legte großen Wert auf die Blüheigenschaften, wie Blütenanzahl, öfter blühende Formen oder besondere Blütenfarben. Da zu dieser Zeit Orchideen in größeren Mengen für Dekorationszwecke und als Schnittblumen am Hof verwendet wurden, konzentrierte sich Hefka vor allem auf die dafür geeigneten Laeliocattleyen.[245] Hefka war es nicht nur gelungen, zahlreiche neue Sorten zu züchten, sondern er brachte diese auch in kürzester Zeit zum Blühen. Seine züchterischen und gärtnerischen Erfolge publizierte er in zahlreichen Zeitschriftenaufsätzen und in seinem Buch *Cattleyen und Laelien*, das 1914 mit einem Vorwort des Hofgartendirektors Anton Umlauft erschien.

Auch die Öffentlichkeit nahm Anteil an Hefkas Züchtungserfolgen. Ab 1906 fanden im Sonnenuhrhaus im Schlosspark Schönbrunn Versteigerungen von Orchideen statt, durchgeführt vom

Abb. 122 Versteigerung Schönbrunner Orchideen-Neuzüchtungen im Dorotheum, 1907, Österreichische Bundesgärten, Wien

K. k. Versteigerungsamt
Dorotheum, Wien.

Orchideen-Auktion zu Schönbrunn.
Montag, den 23. September 1907,
10 Uhr vormittags und 3 Uhr nachmittags.

Zweite
Auktion von Schönbrunner Orchideen-Neuzüchtungen

und zwar: 1640 Cattleyen, Laelien und Sobralien, darunter 12 im Handel überhaupt niemals erschienene Neuheiten, zu den **Einheitspreisen von K 8 per Stück**, bzw. **von K 16—80 per Gruppe**, wie Laelio-Cattleya Kaiserin Maria Theresia, Erzherzoginnen Maria Josefa, Marie Valerie; ferner 720 sehr große und starke Stammformen von Coelogynen, Cypripedien **zum Preise von K 3—5 das Stück, bzw. K 10—30 per Gruppe.**

Öffentliche Besichtigungen der Pflanzen vom 20. bis inklusive 22. September, vor- und nachmittags im Sonnenuhrhause zu Schönbrunn. Frühere Besichtigung jederzeit gegen Anmeldung bei der Verwaltung gestattet.

Ausführliche Verzeichnisse samt Auktionsbedingungen werden den Reflektanten von der k. k. Hofverwaltung zu Schönbrunn und vom **Dorotheum in Wien kostenfrei zugeschickt.**

Auktionshaus Dorotheum. Im September 1907 etwa wurden insgesamt 2.360 Pflanzen versteigert → Abb. 122.[246] Schon 1909 wurden die Versteigerungen jedoch wieder eingestellt und stattdessen der Handverkauf von Orchideen eingeführt.

Seine erfolgreiche Tätigkeit als Kultivateur und Züchter endete mit der Einberufung nach Ausbruch des Ersten Weltkrieges. Im Dezember 1914 starb Hefka mit nur 42 Jahren an einer Typhuserkrankung in Kriegsgefangenschaft.[247]

Abb. 123 Wilhelm Gause: Hofball in Wien, 1900, Wien Museum

Zur Zierde des Hofes

Abb. 124 **Pflanzendekoration im Schloss Schönbrunn anlässlich des Besuches des spanischen Königs, 1905, Österreichische Bundesgärten, Wien**

Ein großer Teil der Orchideen diente zur Dekoration der Innenräume in den kaiserlichen Schlössern. Aber auch Blüten von Kamelien, Azaleen und Rhododendren, Pelargonien und Nelken wurden für Blumengestecke verwendet. Kleinere Topfpflanzen schmückten auf Jardinièren die privaten Wohnräume. Weilte der Hof in Ungarn, wurden frische Veilchensträuße für Kaiserin Elisabeth aus den Glashäusern in Laxenburg bis nach Budapest geschickt und auf den Lieferscheinen die Anzahl der Blüten pro Bukett notiert.[248] Ab dem Ende des 19. Jahrhunderts stellten die Hofgärten eine große Menge Schnittblumen und Dekorationspflanzen, vor allem Palmen und Farne, für die Dekoration der Schlosssäle bei Festen und Bällen zur Verfügung → **Abb. 123**.

Besondere Aufmerksamkeit erfuhr die Dekoration der Innenräume bei Staatsbesuchen. Speisesäle wurden üppig mit Grünpflanzen ausgestattet, die Tafel mit Blumengestecken geschmückt, aber auch in Innenräumen Beete und Landschaften mit Pflanzen gestaltet. Anlässlich eines Besuches des spanischen Königs in Schönbrunn im November 1905 lieferten die Hofgärten nicht nur mehrere Tausend Blüten und Blätter, sondern auch über einen Kilometer Girlanden aus Reisig, Blättern und Blüten, unzählige Palmen sowie eigens unter Glas kultivierte Rasenziegel → **Abb. 124**.[249] Die Pflanzen waren fester Bestandteil des Hofzeremoniells. »Vergleichbar der Schatzkammer in der Wiener Hofburg, werden im k. k. Hofpflanzengarten zu Schönbrunn, [...] die Blumenjuwelen gesammelt, die bei den großen, vom Hofzeremoniell bestimmten Anlässen die allgemeine Bewunderung auf sich lenken.«[250]

Ab den 1880er Jahren hatten die Hofgärten auch die pflanzliche Dekoration der Bühnenbilder des Hofburgtheaters und der Hofoper übernommen. In einem Skizzenbuch wurde die Dekoration von den Hofgärtnern und in der Nachfolge den Bundesgärtnern zeichnerisch geplant und zur Genehmigung vorgelegt.[251] Um im Winter die Pflanzen unbeschadet aus den Reservegärten an den gewünschten Ort transportieren zu können, wurde 1879 ein beheizbarer Transportwagen angeschafft.[252]

Die Alte Dame von Schönbrunn

Unter den unzähligen Pflanzen, die während der vergangenen Jahrhunderte in die kaiserlichen Gärten nach Schönbrunn kamen, ragt eine aufgrund ihrer ungewöhnlichen Geschichte besonders heraus, die liebevoll »die Alte Dame von Schönbrunn« genannt wird. Als der Schönbrunner Hofgärtneradjunkt Georg Scholl 1799 nach einer 14-jährigen Sammelreise aus Südafrika nach Wien zurückkehrte, brachte er eine kleine knollenartige Pflanze mit, die erst fünf Jahre zuvor von dem schwedischen Naturforscher Carl Peter Thunberg als *Cynanchum crispum* erstbeschrieben wurde. Wie diese Pflanze zu diesem Zeitpunkt aussah, wissen wir heute dank des »k. k. Hof-Botanik-Mahlers« Mathias Schmutzer, der sie 1805 für das *Florilegium Imperiale* für Kaiser Franz II. (I.) auf zwei Blättern porträtiert hatte → Abb. 125 und 126.[253] Im selben Jahr taucht sie erstmals in einem Schönbrunner Pflanzenverzeichnis als *Cynanchum crispum* mit der deutschen Bezeichnung »krauser Hundswürger« auf.[254] Vier Jahre später beschrieb sie der wissenschaftliche Leiter der kaiserlichen Botanischen Sammlungen in den *Fragmenta botanica* erneut und bildete Details der Pflanze ab.[255] Als 1839 durch den Wiener Botaniker Stephan Endlicher die Bestimmung der Art *Fockea capensis* erfolgte, wurde die alte *Cynanchum crispum* dieser Art zugesprochen. Botaniker bezeichnen diesen Vorgang als Umkombination.

Die Pflanze wurde über viele Jahrzehnte von den Hofgärtnern in Schönbrunn kultiviert. Besondere Beachtung schenkte man ihr vermutlich nicht, denn mit ihrer verdickten Sprossachse, dem sogenannten Caudex, den kleinen krausen Blättern und den eher unscheinbaren Blüten, die damals keine Früchte hervorbrachten, drängte sie sich nicht in den Vordergrund. Dass den Hofgärtnern der Wert dieser kleinen Pflanze jedoch bewusst war, lässt sich aus einem 1892 erstellten Pflanzeninventar ersehen, in dem sie als »Fockea capensis – Capische Fockea – Cap der guten Hoffnung« beschrieben wird mit der Randbemerkung »woselbst ausgestorben«.[256]

Ihren großen Auftritt hatte sie dann bei der Pariser Weltausstellung im Jahr 1900. Die Hofgartendirektion hatte für die Milleniumsschau mithilfe des Architekten Otto Wagner eine Präsentation aller Hofgärten erarbeitet, die während der gesamten Dauer der Weltausstellung in einem der beiden Glashäuser der Gartenbauabteilung am Seineufer gezeigt wurde. Das zweite Glashaus war für temporäre Pflanzenausstellungen vorgesehen, in dem im Mai 1900 von einem Glassturz geschützt die Schönbrunner *Fockea capensis* als Letzte ihrer Art ausgestellt wurde.[257]

Weltausstellungen waren auch Leistungsschauen der dort vertrete-

Abb. 125 Zweig mit Blüten und Blättern der *Fockea capensis* (syn.: *Cynanchum crispum*) aus der kaiserlichen Pflanzensammlung, aus: Mathias Schmutzer: Florilegium A, 1805, Österreichische Nationalbibliothek, Wien

nen Nationen. Im Mittelpunkt standen technische Errungenschaften, die das tägliche Leben erleichterten oder Produktionsprozesse rationalisierten. Der Philosoph Walter Benjamin bezeichnete in seinem ab 1927 entstandenen *Passagen-Werk* die Weltausstellungen als »Wallfahrtsstätten zum Fetisch Ware«[258]. Die Ausstellungshallen glichen jedoch nicht nur riesigen Warenhäusern, sondern sie waren gleichsam Messen für technische Erfindungen und Neuerungen, die oft als Weltwunder gepriesen wurden. Die Präsentation einer etwa 50 Zentimeter hohen, lebenden Pflanze, die weder durch Schönheit auffiel, noch außergewöhnliche Blüten trug, nicht als Nahrungsmittel oder für technische und pharmazeutische Zwecke genutzt werden konnte, scheint aus heutiger Sicht ungewöhnlich. Das Kaiserhaus scheute jedoch keine Kosten und Mühen, die Pflanze von Wien nach Paris zu transportieren, um sie der staunenden Weltöffentlichkeit zu zeigen. Im Gegensatz zu fast allen anderen ausgestellten Objekten war sie nicht käuflich zu erwerben, und sie war zu diesem Zeitpunkt auch nicht reproduzierbar – auch nicht mithilfe moderner technischer Mittel. Der hochbetagte Kaiser in Wien, im von Krisen gebeutelten Vielvölkerstaat, war im Jahr 1900 der einzige Mensch auf der Welt, der eine solche Pflanze besaß, und die k. k. Hofgärtner waren die stolzen Kultivateure.[259]

Abb. 127 Die Schönbrunner *Fockea capensis*, um 1910, Österreichische Bundesgärten, Wien

Noch 1905 bei einer Ausstellung im Rahmen des Internationalen Botanischen Kongresses in Wien wurde sie als »größte botanische Seltenheit« und »als einziges bekanntes lebendes Exemplar« gezeigt → Abb. 127.[260] Im Jahr darauf fand der deutsche Botaniker Rudolf Marloth in der Nähe von Prince Albert in Südafrika schließlich eine Pflanze, von der er vermutete, dass es sich um die bereits ausgestorben geglaubte *Fockea capensis* handelte. Nach ihrer Blüte im Jahr 1908 konnte er sie endgültig als solche bestimmen.[261] Es handelte sich bei der Wiener *Fockea capensis* nun nicht mehr um die Letzte ihrer Art. Auch in

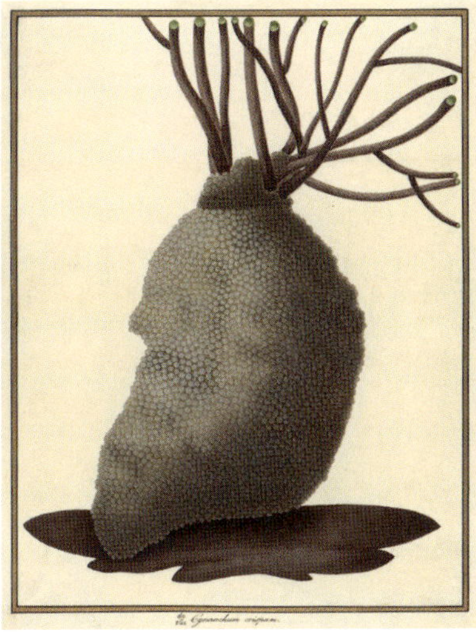

Abb. 126 Caudex der *Fockea capensis* (syn.: *Cynanchum crispum*) aus der kaiserlichen Pflanzensammlung, aus: Mathias Schmutzer: Florilegium A, 1805, Österreichische Nationalbibliothek, Wien

Schönbrunn bekam sie Gesellschaft. Josef Georg Brunthaler, Assistent am Botanischen Institut der Universität Wien, hatte 1909 auf einer Forschungsreise nach Südafrika Samen von *Fockea edulis* nach Wien gebracht und hier angebaut. Einen der Sämlinge schenkte Brunthaler den kaiserlichen Pflanzensammlungen. 1929 gelangte eine weiter *Fockea capensis* in die Sammlung als Geschenk aus dem Botanischen Garten im südafrikanischen Stellenbosch. Es handelte sich um eine junge Pflanze, die am Naturstandort gefunden worden war.[262] Beide Pflanzen sind bis heute in den Schönbrunner Sammlungen vorhanden.

An Wert hatte die Alte Dame trotzdem nicht verloren, und die Schönbrunner Gärtnerinnen und Gärtner waren weiterhin um ihr Wohlergehen besorgt. Als im Zweiten Weltkrieg auch der Schlosspark von Fliegerbomben bedroht war, nahm ein Gärtner die Pflanze mit nach Hause, pflegte sie in der eigenen Wohnung und brachte sie nach Kriegsende zurück nach Schönbrunn. 1972 gelang es dann dem damaligen Kulturleiter der Sukkulentensammlung in den Österreichischen Bundesgärten, Ernst Zecher, die Schönbrunner *Fockea* mithilfe eines zweiten Exemplares zu bestäuben. Aus den Samen konnten erstmals Jungpflanzen angezogen werden.[263]

Das Alter der Alten Dame von Schönbrunn wird auf etwa 500 Jahre geschätzt. Sie ist damit die älteste sukkulente Topfpflanze der Welt. Als sie 1799 von Südafrika nach Wien kam, war sie schon weit über 250 Jahre alt. Sie hat die mehrwöchige Überfahrt überlebt, viele Kriege in Europa und eine Weltausstellung. Heute wird sie inmitten ihrer Kinder und geschenkter Exemplare aus befreundeten Botanischen Gärten in der Sukkulentensammlung gepflegt → Abb. 128. Ausgestellt werden nur noch ihre Nachkommen.

Abb. 128 Die Schönbrunner *Fockea capensis*, 2024, Foto: Gianmaria Gava

PFLANZENSAMMLUNG

SCHÖN-BRUNN

Die Glashausanlage in der Botanischen Sammlung Schönbrunn umfasst 38 Glashäuser mit über 60.000 Einzelpflanzen.

Der Übergang zur Republik

Im Ersten Weltkrieg war der Erhalt der Pflanzensammlungen kaum mehr möglich: Viele Gärtner waren eingezogen worden, es mangelte an Brennholz und es fehlten Finanzmittel. Endgültig bedroht war der Fortbestand mit dem Ende der Monarchie. Bereits im Dezember 1918 stellten 26 Nationalräte in der Provisorischen Nationalversammlung einen Antrag »betreffend die künftige Verwertung der auf dem deutschösterreichischen Staatsgebiete liegenden Krongüter«.[264] Grundlage dieses Antrages war eine schriftliche Ausarbeitung des Hofgartendirektors Anton Umlauft zur »Beurteilung der Frage, was im neuen Staate Deutschösterreich mit den bisherigen kaiserlichen Hofgärten geschehen soll«.[265] Die Verantwortlichen in der jungen Demokratie waren sich uneins über den Fortbestand und die weitere Nutzung der ehemaligen kaiserlichen Hofgärten → Abb. 129. Die Österreichische Gartenbau-Gesellschaft legte ein Konzept zur Übernahme und Nutzung von Schönbrunn vor. Der Park sollte als Naherholungsgebiet für die Bevölkerung dienen. Die Pflanzensammlungen waren nach Meinung des Präsidiums besonders für die allgemeine naturkundliche Bildung geeignet. Des Weiteren plante man, auf dem Gelände von Schönbrunn eine Höhere Gärtnerlehranstalt einzurichten, sodass die Pflanzensammlungen auch zu Lehrzwecken dienen könnten.[266] Im Februar 1919 traf sich die Fachstelle für Naturschutz des Österreichischen Heimatschutzverbandes zu einer »Besprechung über die künftige Verwertung von Schloß und Park Schönbrunn«. Trotz unterschiedlicher Ausgangspositionen waren sich die Anwesenden einig, dass Schloss Schönbrunn samt dem Park ein nationales Kunstdenkmal sei, das unbedingt erhalten und einer musealen Nutzung zugeführt werden müsse. Auch der Aufgliederung des sogenannten Hofärars, wie es durch die Übernahme von Schönbrunn durch die Gartenbau-Gesellschaft geschehen würde, stand man kritisch gegenüber.[267] Erst mit dem sogenannten Habsburgergesetz vom 3. April 1919 ging das Hofärar, darunter auch die kaiserlichen Hofgärten, schließlich in den Besitz des Staates Österreich über.[268] Der im September 1919 geschlossene Staatsvertrag von Saint Germain-en-Laye verpflichtete darüber hinaus den Staat Österreich, alle ehemaligen kaiserlichen Sammlungen während der kommenden 20 Jahre weiter zu betreuen und sie als Gesamtheit zu erhalten.[269]

Bei den Überlegungen hinsichtlich der Zukunft der Hofgärten nach dem Ende der Monarchie spielte auch der Natur- und Artenschutz eine Rolle. In der »Besprechung über die künftige Verwertung von Schloß und Park Schönbrunn« im Februar 1919 in der Fachstelle für Naturschutz des österreichischen Heimatschutz-Verbandes wurde der regelmäßige Ankauf exotischer Tiere für die ehemalige kaiserliche Menagerie und das ungeregelte Sammeln von Pflanzen kritisiert, da »die Ansprüche unserer Tiergärten eine Verarmung der Tropenfauna herbeiführen. Uebrigens ist auch schon die Flora durch die Sammler bedroht.«[270] Es wurde daher vorgeschlagen, »internationale Vereinbarungen« zu treffen, um Flora und Fauna zu schützen. Erst nach dem Zweiten Weltkrieg konnten derartige internationale Vereinbarungen mit der Gründung der Weltnaturschutzunion (International Union of Conservation of Nature – IUCN) im Oktober 1948 in Fontainebleau getroffen werden.

Die Entscheidung fiel schließlich eindeutig für die Erhaltung der ehemaligen Hofgärten in ihrer überkommenen Gestalt. Der außerordentliche Wert der Botanischen Sammlungen wurde allgemein anerkannt, und die Sammlungen sollten der Öffentlichkeit und der Forschung zur Verfügung stehen. Am 3. Dezember 1921 wurden die hofärarischen Gärten an das Bundesministerium für Handel und Gewerbe, Industrie und Bauten übergeben. Friedrich Rottenberger zeichnete den Akt als Garten-Direktor.[271] Im Oktober 1933 wurden die Bundesgärten schließlich in das damalige Bundesministerium für Land- und Forstwirtschaft überführt.[272]

Abb. 129 Richard Hauffe: Bewachung Schönbrunns durch die Volkswehr, 1918, Wien Museum

Friedrich Rottenberger

Abb. 130 Friedrich Leo Rottenberger, um 1930, Österreichische Bundesgärten, Wien

Eine wichtige Rolle für die Erhaltung der Botanischen Sammlungen spielte Friedrich Rottenberger → Abb. 130. Er war 1892 als Gartengehilfe nach Schönbrunn gekommen und machte aufgrund seiner fachlichen Qualifikation stetig Karriere.[273] Der bisherige k. k. Hofgartendirektor Anton Umlauft war am 1. Juni 1919 in den Ruhestand getreten und Rottenberger wurde als erster Bundesgärtendirektor berufen.[274] Ein besonderes Anliegen waren ihm die Botanischen Sammlungen. Dass diese weitestgehend unbeschadet den Umbruch vom Kaiserreich zur Republik überstehen konnten, ist vor allem ihm zu verdanken.

Finanzielle Mittel und Arbeitskräfte fehlten bereits während des Ersten Weltkrieges. In den Parks wurde das Hauptaugenmerk auf die Erhaltung der Alleen und Heckenspaliere gelegt. Die Parterres, die pflegeintensivsten und repräsentativsten Bereiche eines jeden Gartens, waren nicht mehr mit Blumen geschmückt, sondern in ihnen wurde Gemüse zur Versorgung der Bevölkerung angebaut. Im Schönbrunner Parterre wuchsen Kürbisse. Das bisherige fein geknüpfte Geflecht der Hofgärten, zu denen auch die Gärten in Budapest, Gödöllő, Prag und Miramare gehörten, existierte nicht mehr. Die Anlagen hatten unterschiedliche Schwerpunkte gehabt; so produzierten die Gärtner in Gödöllő für alle Hofgärten Blumenzwiebeln, in Miramare Dekorationspflanzen, in Innsbruck Maiblumen und in Hetzendorf die Pflanzen für die Beete im Parterre → Abb. 131 und 132. In den Glashäusern im Augarten → Abb. 133 und 134 wurde Flieder vorgetrieben und die Laxenburger Baumschule belieferte alle Hofgärten mit Gehölzen. Diese Aufgaben mussten 1919 neu verteilt oder andere Bezugsmöglichkeiten geschaffen werden. Um einen Teil der Ausgaben zu decken, wurden in den eigenen Glashäusern Schnittblumen und in der Schönbrunner Meierei Obst- und Gemüse für den Verkauf angebaut.[275]

Die Botanischen Sammlungen waren durch den Mangel an Brennmaterial in ihrer Existenz bedroht. Im Winter

1918/19 waren Kohle und Koks zur Beheizung der Glashäuser nicht erhältlich, zahlreiche wärmeliebende Pflanzen im Palmenhaus und im Sonnenuhrhaus gingen ein. Friedrich Rottenberger bemühte sich jedoch, trotz der widrigen äußeren Umstände, die Botanischen Sammlungen nicht nur zu erhalten, sondern auch die erlittenen Verluste zu kompensieren. Er stand in engem Kontakt mit botanischen Gärten in Indonesien, Kalifornien und Mexiko, um Pflanzen und Samen zu tauschen. Ebenso brachten ihm Reisende Samen mit.[276]

Da seiner Meinung nach die Schönbrunner »Pflanzenschätze den weiteren wissenschaftlichen und gärtnerischen Kreisen viel zu wenig bekannt« waren und »es im Interesse der Wissenschaft wünschenswert [wäre], wenn sie für Forschungszwecke häufiger in Anspruch genommen würden«, wies er in zahlreichen Aufsätzen das Fachpublikum immer wieder auf den hohen botanischen Wert der Bestände hin, die keinen Vergleich mit anderen Sammlungen wie zum Beispiel denen in Kew Gardens fürchten müssten.[277] In Radiobeiträgen und volksbildenden Vorträgen in der Wiener Urania informierte er die breite Bevölkerung über die botanischen Schätze in Schönbrunn.[278] Die bereits mit der Öffnung des Großen Palmenhauses in Schönbrunn initiierten Azaleen- und Kamelienausstellungen während der Wintermonate wurden nun erweitert. Friedrich Rottenberger organisierte jährlich vier bis fünf Pflanzenausstellungen im Palmenhaus und konnte damit immer mehr Besucherinnen und Besucher anziehen.

Für die Durchführung mussten zusätzliche Finanzmittel beschafft werden.

Abb. 131 Anton Umlauft: Entwurf für die Neugestaltung des Schönbrunner Parterres, 1903, Österreichische Bundesgärten, Wien

Abb. 132 Das Schönbrunner Parterre, um 1907, Österreichische Bundesgärten, Wien

Da es keinen Hof mehr gab, der mit Obst und Gemüse oder Dekorationspflanzen versorgt werden musste, war ein Teil der Flächen in den Reservegärten ungenutzt, ein Teil der Glashäuser stand leer. Die Gartendirektion versuchte nun über Verpachtungen der Flächen an private Unternehmen Geld einzunehmen.[279]

In den 1930er Jahren waren die Botanischen Sammlungen schon wieder so weit hergestellt, dass auch an anderen Orten Pflanzenschauen abgehalten werden konnten. Ab 1931 fanden im Sonnenuhrhaus Kakteenausstellungen statt, ab 1934 wurden im Palmenhaus des Burggartens Frühlingsausstellungen veranstaltet.[280] Als Rottenberger im November 1934 den Ruhestand antrat, führte sein Nachfolger, Gartendirektor Franz Matschkal, die Ausstellungstätigkeit genauso intensiv weiter. Standen bei Rottenberger die Pflanzen selbst im Vordergrund, legte Matschkal ebenso großen Wert auf die gartenkünstlerische Gestaltung der Ausstellungen → Abb. 135. Auch ließ Matschkal die für die Öffentlichkeit nicht zugänglichen Glashäuser des Reservegartens erstmals für den Führungsbetrieb öffnen.[281]

1934 widmete sich eine gesamte Ausgabe der *Gartenzeitung*, herausgegeben von der Österreichischen Gartenbau-Gesellschaft, dem Schlosspark Schönbrunn und den dortigen Botanischen Sammlungen.[282] Durch alle Beiträge zieht sich der Stolz auf die bisher erreichte Wiederherstellung der Sammlungen angesichts der Größe der selbst gesteckten Ziele.

Auch der internationale Austausch wurde wieder intensiviert. Zwar konnten die Bundesgärtner nicht mehr monatelange Dienstreisen durch Europa antreten, wie noch die Hofgärtner im 19. Jahrhundert. Das zuständige Bundesministerium hatte stattdessen 1931 per Erlass geregelt, dass zur Erweiterung der Ausbildung junge Gärtner aus dem Ausland in den Anlagen der Österreichischen Bundesgärten aufgenommen werden konnten, wenn die gleiche Anzahl von internen Mitarbeitern ins Ausland gehen konnte.[283]

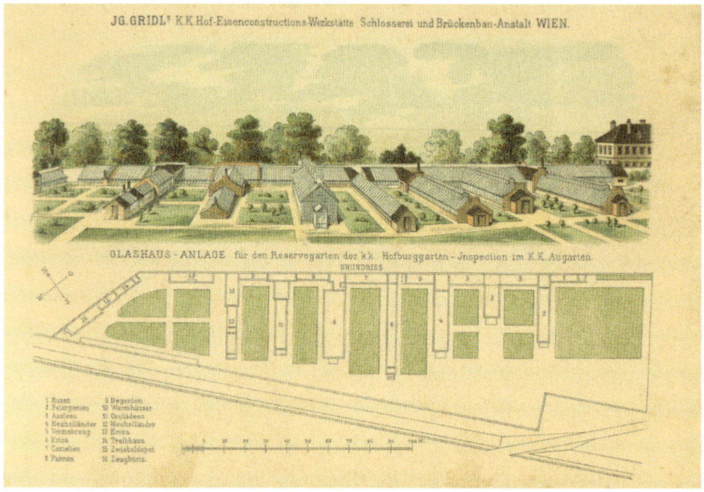

Abb. 133 Die Glashausanlage im Augarten, um 1900, aus: Firmenkatalog der Firma Ignaz Gridl, Österreichische Gartenbau-Gesellschaft, Wien

↑ Abb. 134 Das Palmenhaus im Augarten, um 1910, Österreichische Bundesgärten, Wien

↓ Abb. 135 Kakteenausstellung im Palmenhaus im Burggarten, um 1935, Österreichische Bundesgärten, Wien

Die Bibliothek der k. k. Hofgärtner

Die Grundlage für die Arbeit in den Botanischen Sammlungen war und ist die entsprechende Fachliteratur. Die großen Mengen unbekannter Pflanzen, die nach Schönbrunn kamen, mussten bestimmt oder erstbeschrieben werden. Wissenschaftler wie Nikolaus Joseph von Jacquin hatten Zugang zur Bibliothek der Universität und des Botanischen Institutes. Den Hofgärtnern standen diese Möglichkeiten jedoch nicht offen. Sie benötigten Informationen über Kulturbedingungen der Pflanzen und deren Naturstandorte. Ebenso wichtig waren Austausch und Weiterbildung in Hinblick auf die Gestaltung der Hofgärten, Anbau von Obst- und Gemüse in den Küchengärten, Architekturtheorie und selbst Fremdsprachen.

An zahlreichen Orten in Mitteleuropa gab es Gartenbibliotheken, ausgestattet mit einem Etat des jeweiligen Hofes und von diesem verwaltet. Einige wenige dieser Bibliotheken sind bis heute erhalten, wie die Königliche Gartenbibliothek Herrenhausen in Hannover.[284] Auch in Schönbrunn ist eine derartige Einrichtung vorhanden, dienststellenintern bis heute als Gärtnerbibliothek bezeichnet. Anders als an anderen Orten betrieb nicht die Verwaltung diese Bibliothek, sondern die Hofgärtner selbst.

Die Anfänge der Einrichtung liegen bis heute im Dunkeln, und nur sehr wenige Quellen geben über sie Aufschluss. Die in den Büchern vorhandenen Stempel legen den Schluss nahe, dass es ursprünglich mehrere Gärtnerbibliotheken gab. Der älteste Stempel stammt aus den 1830er Jahren; der Text des Stempels »k. k. Pflz. Gar. Bibliothek d. G. in Schönbrunn« weist darauf hin, dass es sich um die Bibliothek der Gärtner im Pflanzengarten (Holländischer Garten) in Schönbrunn handelte. Im Laufe des 19. Jahrhunderts existierten verschiedene Bibliotheken für die Hofgartengehilfen, die Hofgärtner, die Hofgarteninspektion sowie die Hofgartendirektion. Nach dem Ende der Monarchie wurden diese unterschiedlichen Bibliotheken zu einer zusammengefasst. Ebenso wurde die Privatbibliothek des letzten k. k. Hofgartendirektors Anton Umlauft eingegliedert sowie einige Exemplare aus der Bibliothek der Vereinigung der Schönbrunner Gärtner.

Finanziert wurde der Ankauf von Büchern und Fachzeitschriften über einen Fonds, in den die Hofgärtner einzahlten. Nur in seltenen Fällen suchten sie beim Obersthofmeisteramt um Unterstützung beim Erwerb sehr kostspieliger Werke an. Im Jahr 1903 betrug der Bibliotheksetat der Hofgartengehilfen 350 Kronen. Die Bibliothek umfasste mehr als 850 Bände.[285] Zahlreiche Bücher gelangten als Autorengeschenke oder über Nachlässe in den Bestand. So

↑ Abb. 136 Johann Baptista Pictorio: Der im Blumen= Küchen= Artzney= und Baum=Garten gründlich informirte Gärtner [...], Nürnberg 1714, Foto: Gianmaria Gava / Österreichische Bundesgärten, Wien

↙ Abb. 137 Carl von Linné: Systema Naturae, Leipzig 1748, Foto: Gianmaria Gava / Österreichische Bundesgärten, Wien

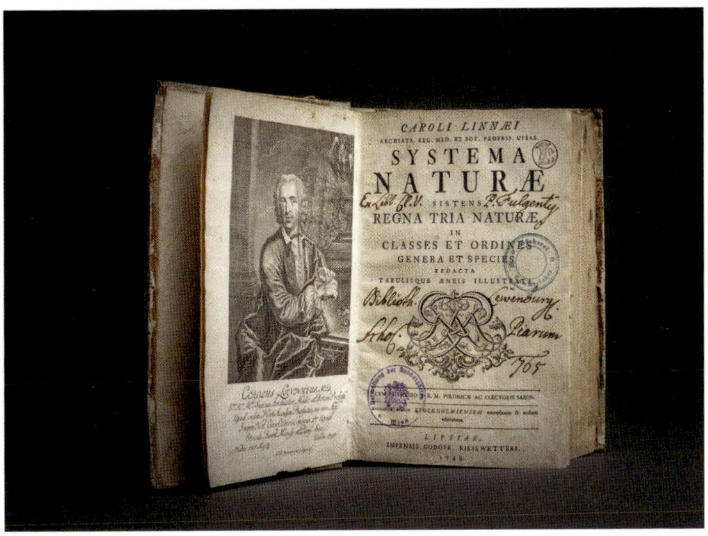

verfügt die Bibliothek heute über wertvolle Druckwerke, die den Etat der Hofgärtner bei Weitem überschritten hätten → Abb. 136–139.

Die alte Bibliothek der Hofgärtner ist eine Schatzkammer des gärtnerischen Wissens. Vielen Büchern sieht man an, dass mit ihnen intensiv gearbeitet wurde, einige weisen handschriftliche Bemerkungen oder Bleistiftzeichnungen auf, botanische Namen sind korrigiert oder auf dem Vorsatzblatt ist vermerkt, welche Pflanzen man sich für die Botanischen Sammlungen in Schönbrunn wünschte. Bisweilen findet man Partezettel ehemaliger Hofgärtner, bestickte seidene Lesezeichen oder getrocknete Pflanzen. In Notizbüchern finden sich Informationen über Erntemengen im Obstgarten und in der Orangerie im Schlosspark Schönbrunn → Abb. 38 oder über Pflanzen, die die Hofgärtner beispielsweise bei der Weltausstellung 1878 in Paris sahen.

Anhand der vorhandenen Werke ist ersichtlich, mit welchen Themen sich die Hofgärtner beschäftigten, was ihnen wichtig war und woher sie Informationen erhielten. Wenn zum Beispiel Hofgartendirektor Heinrich Wilhelm Schott 1864 in einem Bericht an das Obersthofmeisteramt ausführlich aus einem von ihm nicht näher benannten französischen Gartentraktat über die Behandlung von Zitrusbäumen zitiert, dann findet sich die Vorlage dafür in Antoine Dézailler d'Argenvilles *Théorie et pratique du jardinage*, die in der Gärtnerbibliothek in der in Paris 1722 erschienenen Ausgabe vorhanden ist. Der Kulturleiter der Orchideensammlung Anton Hefka, einer der Gärtner, die selbst Fachliteratur verfassten, erwähnt im Vorwort seines 1914 in Wien veröffentlichten Werkes über *Cattleyen und Laelien*, dass die Schönbrunner Gärtnerbibliothek immer wieder ein Ort für seine Studien war. In der zweiten Hälfte des 19. und zu Beginn des 20. Jahrhunderts verfassten einige der Kulturleiter in den Botanischen Sammlungen zahlreiche Fachartikel für die Zeitschrift der k. k. Gartenbau-Gesellschaft und die *Zeitschrift des Vereins der Gärtner und Gartenfreunde in Hietzing*. Auch hierfür war die Gärtnerbibliothek eine wichtige Grundlage.

↙ Abb. 138 Nicolaus Joseph von Jacquin: Plantarum Rariorum Horti Schoenbrunnesis descriptiones et icones, 4 Bde., Wien 1797–1804 Foto: Gianmaria Gava / Österreichische Bundesgärten, Wien

↓ Abb. 139 *Citrus nobilis* (Mandarine), aus: The Botanist's Repository, 1810, Foto: Gianmaria Gava / Österreichische Bundesgärten, Wien

Die Botanischen Sammlungen und die NS-Propaganda

Mit dem Einmarsch der Wehrmacht im März 1938, dem folgenden »Anschluss« Österreichs an das Deutsche Reich und dem Beginn des Zweiten Weltkrieges im September 1939 fand die Blütezeit der Botanischen Sammlungen in der Ersten Republik ein Ende. Gartendirektor Franz Matschkal wurde im April 1938 unfreiwillig in den Ruhestand versetzt. Der Professor für Botanik Hermann Josef Cammerloher wurde zum kommissarischen Leiter der unter der Leitung des Berliner Reichsministeriums für Wissenschaft, Erziehung und Volksbildung stehenden nunmehrigen Staatsgärten ernannt → **Abb. 140.**[286] Nach dessen Tod 1940 unterstanden die Staatsgärten bis 1942 dem Botaniker Georg Cufodontis. Mit der Bestellung des Holzhändlers, NSDAP-Reichstagsabgeordneten und SS-Sturmbannführers Paul Hudl als Gartendirektor im Jahr 1942 lag die Leitung nicht länger in fachlicher Hand.[287] Es war eine rein politisch motivierte Besetzung.[288]

Die Oberaufsicht über die Staatsgärten lag nun bei den Staatlichen Schlösser und Gärten in Potsdam als »Mutterorganisation«. Ihr Direktor Ernst Gall besichtigte im Juli 1941 die Wiener Staatsgärten. In seinem Gutachten legte er zwar den Schwerpunkt auf die Neuorganisation des Betriebes und die Befriedung der »politischen Unstimmigkeiten«, gleichwohl bemängelte er die »starke Verwahrlosung« der barocken Gärten von Schönbrunn, des Belvederes sowie des Augartens. Die Botanischen Sammlungen waren seiner Meinung nach zu umfangreich und das Palmenhaus aufgrund der Glas-Eisenarchitektur unpassend. Man sollte stattdessen die Sammlung mediterraner Pflanzen in der Orangerie erweitern, da diese »ein besonders wichtiger Bestandteil eines jeden alten Parkes des 18. Jahrhunderts« sei.[289]

Abb. 140 Aufmarsch der Betriebsgemeinschaft der Staatsgärten, 1939, Österreichische Bundesgärten, Wien

Trotz dieser Kritik spielte das Palmenhaus eine wichtige Rolle in der NS-Propaganda, ebenso der Schlosspark. Im entbehrungsreichen Kriegsalltag sollte das Palmenhaus einen sicheren und erfreulichen Ort für die Wiener Bevölkerung bieten und die allgemeine Moral hochhalten. Der Schlosspark wurde immer wieder für Vereidigungen von Soldaten und für Massenveranstaltungen genutzt.

Dass die sich nähernde Front und die zunehmenden Luftangriffe auch eine Gefahr für den Schlosspark und die Botanischen Sammlungen darstellten, war den Gärtnerinnen und Gärtnern bewusst. Soweit möglich, versuchten sie einzelne, besonders wertvolle Pflanzen an sichere Orte zu bringen.

Die Österreichischen Bundesgärten als Teil der reichsdeutschen Staatsgärten – die Zeit von 1938 bis 1945[290]

Oliver Rathkolb

»Der Prater ist das Volk, der Augarten ist der Demokrat – mit einem Schloß im Hintergrund – der Belvedere-Garten der Aristokrat unter den Wiener Gärten. Und der Schönbrunner Park? Er ist mehr als aristokratisch, nämlich kaiserlich, was über das Aristokratische hinausgeht, als es, von der anderen Seite, das Volk schon wieder mit einbezieht.«[291]

So charakterisierte Raoul Auernheimer, Vizepräsident des österreichischen PEN-Clubs, in einem 1938 erschienenen Wien-Buch die verschiedenen Bundesgärten und deren Bedeutung für das Selbstverständnis der Wienerinnen und Wiener. Im selben Jahr wurde er von den Nationalsozialisten im Prominententransport ins KZ Dachau verschleppt.

Franz Matschkal, der seit November 1934 die Bundesgärten als Direktor leitete, wurde am 17. März 1938 – nur wenige Tage nach dem »Anschluss« Österreichs an das Deutsche Reich – wie alle nichtjüdischen Beamten auf den »Führer des Deutschen Reiches und Volkes Adolf Hitler« vereidigt, aber bereits am 23. April 1938 mit 61 Jahren in den Ruhestand versetzt. Schon am 22. März wurde Hermann Josef Cammerloher, außerordentlicher Professor am Botanischen Institut der Universität Wien und linientreuer Parteigenosse, als neuer kommissarischer Leiter eingesetzt. Cammerloher war 1933 in die NSDAP eingetreten, wenige Monate, bevor sie in Österreich verboten wurde.[292]

Cammerloher, der Matschkal das Pensionsgesuch »nahegelegt« hatte, startete sofort die symbolische Umbenennung: Die bisherigen »Bundesgärten« hießen ab dem 17. Juni 1938 »Staatsgärten in der Ostmark«. Rassistische Maßnahmen wurden sofort umgesetzt. Offen ist, ob Personal gekündigt oder wie Matschkal zwangspensioniert wurde. Dokumentiert ist dagegen, dass Pachtverträge mit Fotografen wie Viktor Baron, der einen »Lichtbildnerplatz« im Schönbrunner Park gepachtet hatte, »wegen nicht-arischer Abstammung des Pächters« nicht mehr verlängert wurden.[293]

Auf Weisung des Polizeipräsidenten von Wien wurde das ebenfalls am 17. Juni 1938 erlassene »Verbot des Betretens der öffentlichen Anlagen durch Juden« auf die nunmehrigen Staatsgärten ausgedehnt.[294] Das *Neue Wiener Tagblatt* polemisierte unter der Schlagzeile »Die großen Wiener Parkanlagen – judenfrei« gegen das angeblich »provozierende Verhalten der Judenschaft gegen die bodenständige Bevölkerung«.[295]

Hervorragende Experten wie Ernst Moriz Kronfeld, der unter anderem eine interessante Publikation zu den Gärten Schönbrunns verfasst hatte[296], wurden wegen ihrer jüdischen Herkunft stigmatisiert und verfolgt. Kronfeld starb entrechtet 1942 in Wien, seine Witwe wurde deportiert und im KZ Treblinka ermordet.

Sehr bald schon sollte sich für die Staatsgärten erweisen, dass eine linientreue Führung keinen Schutz vor dem Zugriff des Staates bedeutete. Einige Liegenschaften mussten abgegeben werden. So wurde die schon 1937 projektierte Dollfuß-Führerschule für den Bau einer SS-Kaserne im Fasangarten Schönbrunn akquiriert und bis 1940 vollendet. Heute ist dies die Maria-Theresien-Kaserne. Die SA-Standarte 81 mietete den Turn- und Sportplatz in der Grünbergstraße 14 im Schlosspark Schönbrunn.[297]

Auch im Augarten wurden NS-Stellen tätig. Vergeblich versuchte Cammerloher den Wunsch des Reichsluftschutzbundes auf Überlassung einer Grundfläche von 750 Quadratmetern für ein Gebäude zu Luftschutzübungen abzuwehren. Alternativ hatte er eine Fläche im Prater angeboten.[298]

Zuvor war im Augarten das Sonnentagesheim der Israelitischen Kultusgemeinde samt dem angrenzenden Kinderambulatorium neben dem Augarten von einer SA-Standarte und teilweise später von der SS-Standarte 99 besetzt und später enteignet worden. Eine Kompensation erfolgte nicht, es handelte sich schlicht um Vermögensentzug.[299] Davor waren täglich rund 100 Kinder von mittellosen jüdischen Familien hier betreut und gepflegt worden. Im Ersten Weltkrieg waren zahlreiche jüdische Flüchtlinge nach Wien gekommen, ebenso nach den Pogromen in Polen 1919. Im Englischen Garten im Augarten wurde überdies ein Grund für ein »erstes HJ-Heim der Ostmark« an die Hitlerjugend abgetreten, das am 14. März 1939 mit großem Echo gemeinsam vom Berliner Oberbürgermeister und dem Wiener Bürgermeister eröffnet wurde.[300]

Auch in Schloss Schönbrunn wurde es für die Staatsgärten immer enger, und Cammerloher beschwerte sich über den Verlust von Räumen infolge der Unterbringung der Polizei und der Wagenburg sowie eines Pferdestalles für einen SA-Sturm.

Als Folge des drei Monate zuvor begonnenen Zweiten Weltkrieges wurden am 27. Dezember 1939 für Schönbrunn und den Augarten umfassende Anbaupläne für Gemüse und Kartoffeln auf einer Fläche von insgesamt 47.601 Quadratmetern vorgelegt.[301] Im Sommer 1944 sollte für den »Endkampf« der Augarten endgültig durch zwei Flaktürme (Leitturm und Geschützturm) entstellt werden.

Cammerloher verstarb am 8. April 1940, sodass eine Neubesetzung zur Diskussion stand. Auf Ebene des nunmehr zuständigen Reichsstatthalters von Wien entschied Regierungspräsident Hans Dellbrügge in Abstimmung mit der Gauleitung, mit der kommissarischen Leitung wieder einen Wissenschaftler, Georg Cufodontis, zu betrauen.[302] Cufodontis war zu diesem Zeitpunkt noch italienischer Staatsbürger, kein NSDAP-Mitglied, Angestellter der Botanischen Abteilung im Naturhistorischen Museum in Wien und Fachmann für die Flora Dalmatiens, Mittelamerikas und Abessiniens.

Doch Cufodontis zog sich keine zwei Jahre später wieder in die Wissenschaft, ins Naturhistorische Museum, zurück. Seine Stelle übernahm der Holzhändler Paul Hudl. Der fachfremde Parteigenosse hatte nicht nur als »Ariseur« von sich reden gemacht. Er war wegen seiner Parteiverdienste zum Reichstagsabgeordneten ernannt worden, da er den Sturm auf das Bundeskanzleramt während des Nazi-Putsches im Juli 1934 mitangeführt hatte. Er hatte gleichzeitig den Putschplan vorher ausgeplaudert und dann Dollfuß ärztliche Hilfe verweigert.[303] Wegen seiner Beteiligung an dem Umsturzversuch war er zu lebenslangem Kerker verurteilt worden, kam aber bereits im Februar 1938, das heißt noch vor dem »Anschluss«, in den Genuss einer Amnestie.

Hudls Amtsantritt im Februar 1942 fällt mit dem Beginn des Einsatzes von ausländischen Arbeitskräften und später von Zwangsarbeiterinnen und Zwangsarbeitern zusammen, die vor allem 1943 in größerer Zahl in den Staatsgärten eingesetzt wurden. 1942 umfasste der Personalstand in den Staatsgärten, die jetzt als »Reichsgärten« tituliert wurden, insgesamt 284 Personen, davon waren 107 Beamte, darunter nur neun Frauen, und 177 Arbeiter, davon 51 Frauen.[304] Als Folge von Arbeitskräftemangel aufgrund von Requirierungen zum Wehrdienst wurden zunehmend nicht nur in der Industrie, sondern auch in der Land- und Forstwirtschaft ausländische Arbeitskräfte eingesetzt, gleich ob freiwillig im Deutschen Reich tätig oder zur Arbeitsleistung zwangsrekrutiert oder sogar zwangsverschleppt. In der Diktion der Zeit wurden sie verharmlosend als »Fremdarbeiter« bezeichnet. Durchgeführt wurde der »Reichseinsatz ausländischer Arbeitskräfte« von den Arbeitsämtern, wobei politische Verbindungen wie jene Hudls äußerst hilfreich waren, da Zwangsarbeitskräfte heftig umkämpft und begehrt waren.

Es gab unterschiedliche Rechtsstellungen, basierend etwa auf der Freiwilligkeit des Einsatzes und den Bestrafungsrahmen im Falle von Vergehen. Für die Staats-/Reichsgärten können vier Gruppen (insgesamt rund 100 Personen) zusammengefasst werden:

51 ehemalige französische Kriegsgefangene wurden in ein Zivilarbeiterverhältnis überführt, wobei die Freiwilligkeit häufig nicht gegeben war oder nicht mehr rekonstruierbar ist. Darunter waren einige männliche Zivilarbeiter, die in Frankreich angeworben worden waren. Sie arbeiteten alle in Schönbrunn, wobei der Arbeitseinsatz für die meisten im August 1943 begann und bis 7. April 1945 dauerte. Im Zivilberuf waren viele Bauern, aber es gab auch einen Gärtner sowie einen Agraringenieur. Die anderen kamen aus unterschiedlichen gewerblichen Berufen bis zu Kunstmalern und Restauratoren. Der Älteste (Jahrgang 1900) verstarb im Mai 1944 an einer Gehirnhauterkrankung, auch gab es kleinere Arbeitsunfälle in dieser Gruppe. Der Jüngste war Jahrgang 1921. Insgesamt war dies eine relativ privilegierte Gruppe.

Ein belgischer Zivilarbeiter wurde durch Hudl während einer Dienstreise auf der Suche nach einem Orchideenexperten angeworben. Er verstarb bereits 1943.

In der zweiten Gruppe befanden sich zehn männliche bulgarische Saisonarbeiter, die meist freiwillig kamen. Sie erhielten Arbeitsverträge und konnten Ersparnisse in Reichsmark in die Heimat transferieren. In

dieser Gruppe erfolgten zwei Anzeigen an die Gestapo wegen »Arbeitsvertragsbruch«: Zwei Männer waren nicht aus dem Urlaub nach Wien zurückgekehrt. Die bulgarischen Saisonkräfte arbeiteten zwischen 1942 und 1943 und wurden dann offensichtlich gegen Zwangsarbeitende aus dem »Osten« ausgetauscht.

Eine weitere Gruppe bildeten zehn kroatische männliche Arbeitskräfte, die den deutschen Arbeitskräften relativ gleichgestellt waren. Ebenso wie die Bulgaren wurden die kroatischen Arbeiter mit Verträgen angestellt und hatten eine gewisse Vertretung durch die kroatische Gesandtschaft in Wien. Auch hier gab es eine Gestapo-Anzeige. Sie wurden ebenfalls 1943 meist durch Zwangsarbeitende ersetzt.

30 »Ostarbeiterinnen«, darunter drei Kinder, waren die rechtlich und politisch am schlechtesten gestellte Gruppe. Sie waren doppelt ausgegrenzt als verschleppte Arbeitskräfte sowie aufgrund der Tatsache, dass es sich um Frauen und Kinder handelte. Die meisten waren sowjetische Staatsangehörige aus dem Gebiet der heutigen Ukraine. Sie waren gewaltsam durch Transporte nach Wien gebracht worden und arbeiteten dort von März 1943 bis März 1944. Sowohl die brutale Requirierung in den Heimatdörfern als auch die entwürdigende »Reise« in Viehwaggons sowie die Entlausung bei der Ankunft im Durchgangslager Strasshof hatten tiefe traumatische Spuren bei den Ostarbeiterinnen hinterlassen. Die meisten waren im Augarten eingesetzt, einige in Schönbrunn. Die Kinder im Alter von neun bis 16 Jahren wur-

den ebenfalls als »Ostarbeiter« behandelt. Aber es gab auch Mütter, deren Kinder nicht mit ihnen gemeinsam verschleppt worden waren. In einem Fall wurde ein Kind während der Zwangsarbeit geboren. Die Mutter wurde bald nach der Geburt wieder an das Arbeitsamt zurückgeschickt. Eine Ukrainerin hatte in Krakau die Gärtnerschule besucht und verfügte über Matura. Sie dürfte eine Sonderstellung eingenommen haben und wurde nicht als Ostarbeiterin geführt.

Am 9. April 1945, wenige Tage bevor die Rote Armee Wien am 13. April befreite, endete die Arbeit der Zwangsarbeiterinnen und Zwangsarbeiter offiziell. Noch verbliebene Zwangsarbeitende und ausländische Arbeitskräfte wurden repatriiert. Für jene, die in die Sowjetunion zurückgingen, konnte dies eine zweite Lagerhaft bedeuten. Als mögliche Kollaborateure wurden sie in sogenannte Filtrationslager überführt. Häufig wurden sie auch auf dem Rückweg in ihre Heimatorte zur Zwangsarbeit bei der Roten Armee eingesetzt. Sie hatten pensionsrechtliche Nachteile, da sie als »Verräter« galten, und erst ab 2000 erhielten die Überlebenden von Österreich und Deutschland Entschädigungen. An etwa 132.000 Leistungsberechtigte wurden insgesamt fast 352 Millionen Euro ausbezahlt.[305]

Noch vor Kriegsende flüchtete Paul Hudl nach Deutschland. Sein Sachwalter war in fünf Rückstellungsverfahren verwickelt, da Hudl Eigentum von Juden »erworben«, das heißt günstig unter Zwang arisiert hatte. Überdies verfiel sein Vermögen zugunsten der Republik Österreich. Dagegen prozessierte Hudl 1959 von Hamburg aus über einen Streitwert von rund 2,5 Millionen Schilling.[306] Noch 1951 war er zur Fahndung ausgeschrieben gewesen. Dass einer der führenden Protagonisten des Juliputsches 1934 zumindest rechtlich nicht zur Verantwortung gezogen wurde, zeigt, wie relativ unwichtig die Auseinandersetzung auch mit der Zeit des NS-Terrors vor 1938 in der Zweiten Republik war. Gegen Hudl waren Strafverfahren nach dem Kriegsverbrechergesetz und dem Verfassungsgesetz anhängig, aber scheinbar eingestellt worden, da sonst ab dem Bekanntwerden seiner Adresse im Jahr 1958 die Auslieferung hätte begehrt werden können. Wie viele NS-Täter hatte er von der umfassenden Amnestiegesetzgebung des Jahres 1958 profitiert.

Neuanfang in der Zweiten Republik

1947 schrieb Siegfried Weyr in der Tageszeitung *Kurier*, dass die Vernichtung des Schönbrunner Palmenhauses »die größte Tragödie der Bundesgärten« darstelle.[307] Paul Hudl war zu Kriegsende verschwunden. Der 68-jährige Franz Matschkal wurde nun aus dem Ruhestand zurückgeholt und wieder als Gartendirektor mit der Leitung beauftragt.[308] Die Beseitigung der direkten Kriegsschäden durch Bombentreffer war eine große Herausforderung, ebenso der Wiederaufbau der zum Teil verlorengegangenen Pflanzensammlungen. Diese waren 1948 bereits soweit wiederaufgebaut, dass Matschkal in Schönbrunn nach zehn Jahren erstmals wieder eine Pflanzenausstellung zeigen konnte. Im August und September war in einem Teil des Sonnenuhrhauses eine Kakteen- und Insektivorenschau zu sehen. Durch Samentausch und Pflanzengeschenke sowie durch eigene Vermehrung schritt der Wiederaufbau der Botanischen Sammlungen allmählich voran. Um die knappen Budgetmittel aufzustocken, wurden, wie nach dem Ersten Weltkrieg, im Feldgarten in Schönbrunn Schnittblumen für den Verkauf kultiviert, ebenso wurden Orchideenblüten verkauft.[309]

Da die Glashäuser des Reservegartens östlich des Tiergartens durch Bombentreffer ebenfalls zum Teil zerstört waren, beschloss man die gesamte Reservegartenanlage in den Orangeriegarten auf der Meidlinger Seite zu translozieren. Ab 1953 wurden vor dem Orangeriegebäude zwölf kleinere Glashäuser und zahlreiche Mistbeetkästen gebaut → Abb. 141. Für die allmählich wieder anwachsenden Sammlungen reichten diese Flächen bald nicht mehr aus, sodass man die alten Gewächshäuser und Mistbeete in der gegenüberliegenden Kleinen Orangerie abtrug und zu Beginn der 1960er Jahre die Glashausanlage im Reservegarten errichtete. Bis heute wird hier in 38 Glashäusern ein großer Teil der Pflanzen der Botanischen Sammlungen kultiviert.

Abb. 141 Orangeriegebäude mit Mistbeetkästen im Schlosspark Schönbrunn, um 1970, Österreichische Bundesgärten, Wien

Moderne Pflanzenjäger

Auch im 20. Jahrhundert sammelten eine Reihe von Gärtnerinnen und Gärtnern der Österreichischen Bundesgärten gezielt Pflanzen für die botanischen Bestände. In der Regel erfolgte dies aus persönlichem Interesse ohne dienstlichen Auftrag, wie bei dem Schönbrunner Gärtner meister Ernst Zecher (1942–2022), der von 1969 bis 1989 insgesamt 13 Sammelreisen nach Nord-,

Mittel- und Südamerika unternahm. Zecher war verantwortlicher Kulturleiter der Sukkulenten und Kakteen und beschäftigte sich wissenschaftlich mit dieser Pflanzengruppe.

Hatten in früheren Jahrhunderten die Kaiser Expeditionen in Auftrag gegeben, plante Zecher aus eigenem Forscherdrang gemeinsam mit befreundeten Gärtnern und Botanikern die Reisen. Die Republik Österreich war in der Regel an diesen Expeditionen interessiert, sodass meist Sonderurlaub gewährt wurde und ein Teil der Kosten durch Stipendien gedeckt werden konnte. Wie in früheren Jahrhunderten war der Erfolg der Reisen vor allem vom Engagement der Teilnehmer abhängig.

Viele Parallelen zu Sammelreisen in früheren Jahrhunderten fallen auf. Die Anreise erfolgte zwar per Flugzeug, die Rückreise zunächst wegen der großen Menge an Pflanzen noch per Schiff. Bei der ersten Reise von Oktober 1969 bis Mai 1970 nach Peru, Bolivien und Argentinien legte Zecher einen großen Teil der Strecke zu Fuß zurück, da die begrenzten Mittel keinen Mietwagen erlaubten. Vom damaligen Landwirtschaftsministerium und den österreichischen Botschaftern in den Gastländern erhielten die Reisenden Empfehlungsschreiben sowie Sammelgenehmigungen, in denen die Adressaten um Unterstützung der gebeten wurden.

Der Schwerpunkt der folgenden zwölf Reisen verlegte sich zusehends nach Mexiko. Im Laufe der Jahre gelang es Zecher, ein dichtes Netz an Kontakten zu knüpfen, die die Arbeit vor Ort erleichterten und die Sukkulentensammlung der Österreichischen Bundesgärten international bekannt machten. Wegen des Artenreichtums und des Pflegezustandes ist sie seit 1980 als Schutzsammlung von der Internationalen Organisation für Sukkulentenforschung (IOS) anerkannt.[310]

Aufgrund moderner Artenschutzgesetze, vor allem das 1992 in Rio de Janeiro verabschiedete Abkommen über die biologische Vielfalt[311], sind derartige Sammelreisen heute nicht mehr möglich. Seither gelten Pflanzen und Tiere nicht mehr als internationales Gemeingut, sondern sind Eigentum des jeweiligen Heimatstaates. Ziele dieses Abkommens sind der Schutz, die nachhaltige Nutzung der biologischen Vielfalt sowie die gerechte Aufteilung von eventuellen Gewinnen, die aus der Nutzung entspringen. Seither hat sich die Akzession von seltenen, geschützten Pflanzen grundsätzlich verändert und bestehende Ex-situ-Sammlungen haben einen neuen Stellenwert bekommen. Der traditionelle Tausch von Samen zwischen botanischen Gärten ist seitdem massiv ausgebaut und professionalisiert worden. 2002 wurde das International Plant Exchange Network (IPEN) gegründet, in dem nun nach definierten Regeln botanische Gärten weltweit für nicht kommerzielle Zwecke Samen tauschen können.[312]

Von der Sammelleidenschaft zur verantwortungsvollen Arterhaltung – Paradigmenwandel in botanischen Gärten

Christian Berg, Stephanie Socher und Michael Kiehn

Sich am reich gedeckten Tisch der Natur bedenkenlos zu bedienen – viele Jahrtausende der Menschheitsgeschichte stand dem keine Erkenntnis um Vergänglichkeit entgegen. Die Natur galt als unerschöpflich, einzig dazu erschaffen, menschliche Bedürfnisse zu befriedigen – zuerst die vitalen Bedürfnisse nach Nahrung, Kleidung, Gesundheit und Wohnraum, mit zunehmender Entwicklung der Zivilisation aber auch nach Prestige, Ästhetik und Kunst. Gärten konnten beides sein: Apotheke und Nahrungsquelle in Form von antiken Kräutergärten oder mittelalterlichen Klostergärten, aber auch Symbole von Macht und Reichtum in den Gärten früher persischer und altägyptischer Dynastien oder später des europäischen Adels. Ab der Renaissance standen Gärten zudem als Lehr- und Forschungsstätten in medizinisch-wissenschaftlichem Interesse. So sah das 16. Jahrhundert die Gründung der ersten botanischen Gärten, beispielsweise in Padua 1545, Leipzig 1580 oder Leiden 1590. Die mit Eifer betriebene Erforschung zuvor weitgehend unbekannter Gegenden – Südostasien, Subsahara-Afrika, die beiden Amerika, ab Ende des 18. Jahrhunderts Australien und Neuseeland – weckte auch das Interesse an der Pflanzenwelt. Pflanzenjäger schwärmten aus, um botanische Kostbarkeiten aus aller Welt nach Europa zu bringen. *Victoria regia* aus Südamerika oder *Strelitzia reginae* aus Südafrika wurden nach britischen Königinnen benannt. Bedenken gab es keine, die Welt galt als Besitz Europas. Die Ressourcen der Kolonien versprachen Reichtum, sofern man über das Wissen verfügte, sie zu erkennen und auszubeuten. Solches Wissen wollten die Kolonial-

mächte in Europa bündeln. Neben dem Wunsch, Neues zu entdecken, trieb also das Streben nach Reichtum die Forschung an, nicht zuletzt auch die Entwicklung des neuartigen Wissenschaftszweiges »Botanik« im 18. Jahrhundert.
Beschreibung und Klassifikation der Vielfalt der Pflanzenwelt standen im Mittelpunkt der botanischen Grundlagenforschung. Die Erkenntnis, dass manche Pflanzen einander ähnlicher sind als andere, war schon länger gereift, ebenso der Gedanke, daraus Verwandtschaft abzuleiten, ohne dass auch nur eine Idee von Evolutionslehre existierte. Man traute dem Schöpfer zu, sein Werk nach systematischen Gesichtspunkten entwickelt zu haben, nach einer göttlichen Ordnung. Um Verwandtschaft zu erkennen, reichten vorerst vergleichende Analysen morphologischer Ähnlichkeiten. Begriffe wie »Pflanzenfamilie« entstanden zu dieser Zeit.

Abb. 142 **Der Ward'sche Kasten des Instituts für Biologie der Universität Graz wurde 1892 von Gottlieb Haberlandt aus dem Botanischen Garten Buitenzorg (heute Bogor) auf der Insel Java mitgebracht, Foto: Franz Stangl**

Im Mittelpunkt der frühen botanischen Forschung stand zweifellos der schwedische königliche Leibarzt Carl von Linné (1707–1778), der sich später selbst als »Botanicus« bezeichnete. Sein 1753 erschienenes Werk *Species Plantarum* begründete die botanische Systematik und die noch heute übliche zweiteilige Benennung von Pflanzenarten mittels Gattungsnamen und Art-Beinamen. Zu dieser Zeit gegründete botanische Gärten wie zum Beispiel an der Universität Wien (1754) oder der Universität Innsbruck (1793) waren in erster Linie Forschungsstätten.

Trotz der internationalen Sammeltätigkeit und der wissenschaftlichen Weiterentwicklung botanischer Gärten waren die Botaniker und die wenigen Botanikerinnen des 18. und frühen 19. Jahrhunderts bei der Erforschung lebender Pflanzen mit zwei Herausforderungen konfrontiert. Zum einen starben viele Arten auf dem Weg zu ihrem Ziel infolge der monatelangen Transporte per Schiff, ausgesetzt dem Salzwasser, der Trockenheit und der Hitze. Zum anderen gelang die Kultur vor allem tropischer Gewächse in Europa oft nicht, da hier die Winter zu kalt und die Sommer zu kühl waren, um ihnen ein üppiges Blühen und Fruchten zu ermöglichen. Orangeriegebäude sicherten zwar das Überleben der Pflanzen, aber kein gutes Gedeihen. Erst die einsetzende technisch-industrielle Entwicklung löste beide Probleme. Der Brite Nathaniel Ward (1791–1868) erfand 1835 den nach ihm benannten Ward'schen Kasten, ein transportables Kleingewächshaus, durch welches

Pflanzen bei Schiffstransporten über eine längere Zeit am Leben blieben →Abb. 142. Noch wichtiger war die Entwicklung filigraner Eisenkonstruktionen, die endlich den Bau großer, funktionaler Gewächshäuser in kühlen Regionen ermöglichten. Österreich verfügt mit dem Palmenhaus im Schlosspark Schönbrunn aus dem Jahre 1882 und dem alten Glashaus in Graz aus dem Jahre 1889 (dem Jahr der Errichtung des Eiffelturms) über zwei besonders eindrucksvolle Beispiele von Gewächshäusern aus dieser Zeit, beide aus der k. u. k Eisenkonstruktionswerkstätte von Ignaz Gridl (1825–1890) →Abb. 143. Das 19. Jahrhundert wurde mit diesen neuen Möglichkeiten zum Gründungsjahrhundert zahlreicher neuer botanischer Gärten weltweit. Pflanzensammler und Forschungsreisende waren in allen Teilen der Erde unterwegs und füllten die Gärten mit neuen Arten zur Repräsentation wie zu Forschungszwecken.

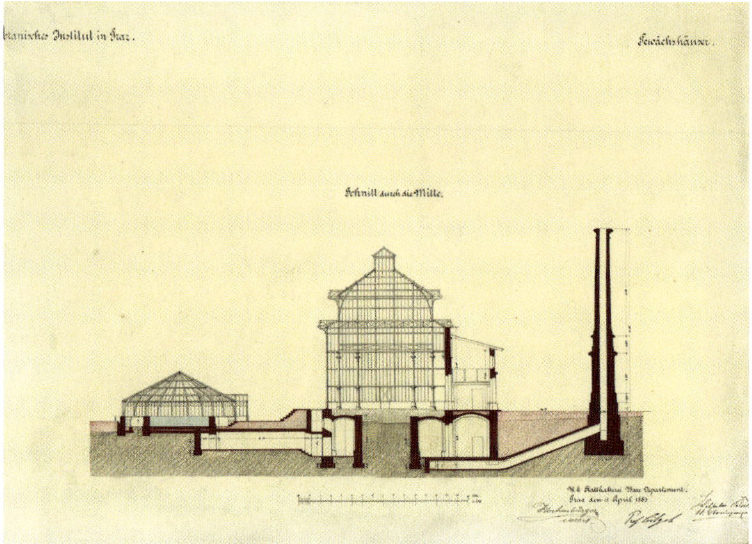

Abb. 143 Entwurf eines Glashauses mit einem runden Victoria-Haus für den Botanischen Garten Graz aus dem Jahre 1883. Errichtet wurde dann 1888/89 eine deutlich einfachere Version ohne Victoria-Haus, Universitätsarchiv Graz

Das 20. Jahrhundert brachte in vielerlei Hinsicht neue Entwicklungen, die große Auswirkungen auf das gesellschaftliche Leben auf der Erde hatten und damit auch auf botanische Gärten. Der Zusammenbruch des Kolonialsystems förderte die Gründung nationalstaatlicher Forschungseinrichtungen in den ehemaligen Kolonien. Geforscht wurde jetzt vor Ort auf der Basis von bilateralen Kooperationen, oft gemeinsam mit den ehemaligen Mutterländern. Gleichzeitig brachte die zweite Hälfte des 20. Jahrhunderts eine nie dagewesene Wirtschaftsentwicklung, die zur Zerstörung natürlicher Ressourcen, insbesondere von natürlichen Lebensräumen und deren Artenvielfalt, führte.

Aus der Sorge um die Artenvielfalt wurde auf der UN-Konferenz für Umwelt und Entwicklung in Rio de Janeiro im Mai 1992 das Übereinkommen über die biologische Vielfalt (Biodiversitätskonvention – CBD) beschlossen. Im Rahmen der CBD entstand auch eine völkerrechtlich verbindliche Regelung zum Zugang zu genetischen Ressourcen und zum gerechten Vorteilsausgleich (Access and Benefit-Sharing): Über die Nutzung der Lebewesen einer Region entscheiden nun die Herkunftsländer souverän. So braucht es heute vorab verhandelte bilaterale Verträge, die das Pflanzensammeln überhaupt legalisieren, und vor Ort treffen Forscherinnen und Forscher die gesuchten Arten oft nur noch in Schutzgebieten an, in denen das Sammeln von Pflanzenmaterial verboten ist. Für die Ausfuhr aus dem jeweiligen Land und die Einfuhr nach Europa sind weitere Genehmigungen erforderlich, zum Beispiel in Hinblick auf die Pflanzengesundheit. Als Folge dieser Entwicklungen schrumpfte der Zuwachs vor allem an exotischen Forschungsgewächsen in botanischen Gärten immer mehr.

Aufgrund der drastischen Verluste an Arten und Lebensräumen haben botanische Gärten begonnen, ihre Expertise in der Kultur von Arten verstärkt in den Dienst des Arten- und Naturschutzes zu stellen. Heute sind sie nicht nur an Forschungen über bedrohte Arten und ihrer Lebensräume rund um den Globus beteiligt, sondern wirken mit Erhaltungsprogrammen und Samenbanken auch aktiv mit. Dieser sogenannte Ex-situ-Artenschutz, der Schutz bedrohter Arten außerhalb ihrer natürlichen Lebensräume, soll die Rückversicherung für den In-situ-Artenschutz darstellen, vor allem in Fällen, in denen durch irreversible Veränderungen von natürlichen Lebensräumen die Gefahr besteht, dass Arten in der Natur aussterben. Durch die raumgreifende Expansion des Menschen und den Klimawandel wird diese Rückversicherung immer wichtiger. Man spricht hier auch vom Erhalt genetischer Ressourcen, denn mit jeder Art stirbt auch unwiederbringlich ein Genpool aus.

Abb. 144 Die in Österreich stark gefährdete Sumpf-Siegwurz (*Gladiolus palustris*) wird im Botanischen Garten Salzburg für Artenschutzprojekte kultiviert, Foto Stephanie Socher

Gut geführte Lebendsammlungen und Erhaltungskulturen sind eine bedeutsame Methode des Ex-situ-Schutzes. Botanische Gärten entwickeln Sammlungsschwerpunkte, um bestimmte systematische, geographische oder ökologische Gruppen zu erhalten und besonders zu erforschen. So gibt es in österreichischen botanischen Gärten Lebensraum bezogene Spezialisierungen, wie zu Arten der Trockengebiete Ostösterreichs am Botanischen Garten der Universität Wien, zu Arten mit Vorkommen in gefährdeten Lebensräumen wie Hoch- und Niedermoore am Botanischen Garten der Paris Lodron Universität Salzburg → **Abb. 144** und im Bereich Wasser- und Sumpfpflanzen an der Universität für Bodenkultur Wien. Um Pflanzen aus diesen Sammlungen wieder in die Natur ausbringen zu können, muss bei den Lebendsammlungen die Gefahr von genetischen Veränderungen oder Hybridisierung vermieden werden. Abhilfe schaffen hier eine internationale Vernetzung und die Einlagerung genetischen Materials in Samenbanken. Diese bieten die Möglichkeit, Pflanzen über einen längeren Zeitraum – bei manchen Arten über Jahrzehnte – als Lebendmaterial zu erhalten, ohne dass man genetische Veränderungen befürchten muss. Solche Samenbanken betreiben in Österreich die Arche Noah in Schiltern für bedrohte Kulturpflanzensorten und einige botanische Gärten für Wildpflanzen.

Am Ende ist aber jede Ex-situ-Erhaltungsmaßnahme nur sinnvoll, wenn die Chance gegeben ist, das angezogene Material auch wieder in einen geeigneten Lebensraum zurückzubringen und hier dauerhaft zu erhalten.

VIER

EIN HORT DER

Viele ehemals fürstliche Pflanzensammlungen wurden nach dem Ersten Weltkrieg nicht mehr weiter betreut. Die finanziellen Mittel und der politische Wille fehlten, die Liegenschaften wurden anderen Zwecken zugeführt und oft sollte auch dieser fürstlichen Kultur ein bewusstes Ende gesetzt werden. Während und nach dem Zweiten Weltkrieg gingen weitere verloren. Die Pflanzensammlung der Österreichischen Bundesgärten ist eine der wenigen, die auf eine derartig lange ungebrochene Tradition zurückblicken kann. Entstanden aus fürstlichem Repräsentationsstreben, Sammelleidenschaft, der Faszination am Fremden und Exotischen sowie naturwissenschaftlichem Interesse, aber auch dem eher profanen Wunsch, exotisches Obst und Gewürze für die fürstliche Tafel zu produzieren, waren die Pflanzensammlungen der Habsburger während Jahrhunderten Prestigeobjekt und Machtsymbol. Mit dem Ende des Kaiserreiches ging ihre symbolische Bedeutung verloren. Heute befinden sich die Pflanzensammlungen im Besitz der Republik Österreich und werden von den Mitarbeiterinnen und Mitarbeitern der Österreichischen Bundesgärten als moderner Hort der Pflanzenvielfalt erhalten. Insgesamt werden etwa 150.000 Einzelpflanzen in 17.000 Arten und Sorten in Glashäusern und im Freien an den Standorten Schlosspark Schönbrunn, Belvederegarten, Burggarten, Augarten und im Hofgarten in Innsbruck betreut. Dazu gehören zum Beispiel weit über 3.000 Bromelien, etwa 3.000 Eriken sowie über 1.000 Neuholländer im Reser-

PFLANZENVIELFALT

»Glauben Sie es einem Menschen, der in Ceylon und Brasilien gewesen ist: die wirkliche Poesie der Tropennatur gibt es eher in Wien. Wenn die lyrisch anmutenden Gemüter, die mich wegen meiner Reisen beneiden [...] wüßten, wieviel besser das Palmenhaus in Schönbrunn zu ihren sentimentalen Träumereien von Palmen, Lianen und schwülen Orchideenduft paßt als der amazonische Urwald!«[313]

Arnold Höllriegel, 1925

Abb. 145 Azaleenausstellung im Kalthaus des Großen Palmenhauses, um 1915, Österreichische Bundesgärten, Wien

vegarten des Belvedere. Im Feldgarten in Schönbrunn werden neben der Produktion von über 350.000 Frühjahrs- und Sommerblumen für die Wechselbepflanzung in den Beeten der Gärten unter anderem 500 Zitrusbäume, fast 300 Kamelien und weit über 1.000 Pelargonien kultiviert. In den Glashäusern der Botanischen Sammlung in Schönbrunn werden mehr als 23.000 Kakteen und Sukkulenten, fast 14.000 Orchideen, über 2.000 Azaleen, fast 5.000 fleischfressende Pflanzen, über 1.300 Blattbegonien, mehr als 3.000 Farne und viele andere Pflanzenfamilien betreut. Im Orangeriegarten in Schönbrunn sind etwa 1.300 mediterrane Pflanzen im Sommer ausgestellt, den Winter verbringen sie im Orangeriegebäude. Im Augarten kümmern sich die Gärtnerinnen und Gärtner um die Sammlungen von *Canna*, Feigen, Hibiskus sowie frostfesten Gehölzen und Stauden. Das Palmenhaus im Hofgarten Innsbruck beherbergt etwa 10.000 subtropische und tropische Einzelpflanzen. Es ist öffentlich zugänglich, ebenso wie das Palmenhaus und das Wüstenhaus im Schlossgarten Schönbrunn sowie das Schmetterlinghaus im Komplex des Palmenhauses im Burggarten, in denen insgesamt etwa 13.500 Pflanzen ausgestellt werden.

Wurden lange Zeit die Bestände gemäß den Wünschen und persönlichen Vorlieben der Kaiser, des Bedarfs der Hofküche und Hofapotheke gepflegt und erweitert, so erfolgen heute Erhaltung und Ergänzung der Sammlung nach wissenschaftlichen, musealen und gartendenkmalpflegerischen Prinzipien.

Abb. 146 Blick von der unteren Galerie in die Kuppel des Palmenhauses, vor 1919, Österreichische Bundesgärten, Wien

Die Pflanzensammlung der Habsburger war nur möglich durch den außergewöhnlichen Einsatz, den Eifer und die Leidensfähigkeit der Forschungsreisenden, aber auch durch die Ausbeutung der bereisten Länder und der lokalen, vor allem der indigenen Bevölkerung. In fürstlichen Sammlungen und botanischen Gärten eingetroffene neue ungewöhnliche Pflanzen lösten regelmäßig Begeisterung und in der Folge große Nachfrage nach ihnen aus. Da aber oft das Wissen um Kultivierung und Vermehrung fehlte und dementsprechend die Pflanzen häufig nur eine kurze Lebensdauer hatten, brachten Pflanzenjäger immer neue Exemplare nach Europa. Das führte immer wieder zu einer Bedrohung oder auch Ausrottung am Naturstandort. Dieser Raubbau an der Natur wurde seit Ende des 19. Jahrhunderts immer wieder thematisiert und führte schließlich nach dem Zweiten Weltkrieg zu modernen Naturschutzgesetzen.

Seit 1962 erstellt die Weltnaturschutzunion (IUCN) zum Schutz bedrohter Pflanzen und Tiere Rote Listen gefährdeter Arten. Die Roten Listen weckten auch in der breiten Öffentlichkeit ein Bewusstsein für die Bedrohung seltener Pflanzen und Tiere. Der Legislative dienen sie als wissenschaftliche Basis für ihren Umgang mit Arten- und Naturschutz. Das Washingtoner Artenschutzabkommen trat 1975 in Kraft und regelt den internationalen Handel mit gefährdeten Arten. Diese Abkommen helfen, den Schutz vor Ort (in situ) zu verbessern. Derzeit sind etwa 30.000 gefährdete Pflanzen- und Tierarten gelistet. Eine Erweiterung im Hinblick auf die kommerzielle Nutzung von Pflanzen stellt das 2014 ratifizierte Nagoya-Protokoll dar.

Es besagt, dass an den finanziellen Vorteilen aus der kommerziellen Nutzung von Pflanzen alle Beteiligten partizipieren sollen. Entwickelt zum Beispiel ein Pharmakonzern in Europa ein Medikament aus einer tropischen Pflanze aus Südamerika, dann fließt ein Teil des Erlöses auch an den Staat des Naturstandortes.

Abb. 147 Blick in den Mittelpavillon des Großen Palmenhauses, um 1915, Österreichische Bundesgärten, Wien

SCHÖNBRUNN

WÜSTEN-HAUS

Wüstenhaus Schönbrunn

Im 1904 von der Firma Ignaz Gridl errichteten Sonnenuhrhaus im Schlosspark Schönbrunn werden heute Flora und Fauna von Wüstenregionen gezeigt.

Wüstenhaus Schönbrunn

Die Pflanzenwelt Australiens in Wien

David Stuart

Abb. 148 *Grevillea banksii*,, Foto: Michael Knaack

 Hinter hohen Backsteinmauern auf der Ostseite des gepflegten Geländes, das zum Schloss Belvedere hinaufführt, befindet sich ein öffentlich nicht zugänglicher Gartenbereich. Die großen Glashäuser, die sein Erscheinungsbild bestimmen, beherbergen eine bemerkenswerte Sammlung von Pflanzen, die ursprünglich aus Australien stammen, mindestens 30 Gattungen und 300 Arten. Diese Entdeckung verdanke ich Michael Kiehn, Professor für Botanik an der Universität Wien und Direktor des Botanischen Gartens, der direkt an den Belvederegarten angrenzt. Verwaltet wird die Sammlung von den Österreichischen Bundesgärten im Rahmen ihrer Verantwortung für das Erbe des habsburgischen Kaiserhauses.

Meine lebhafteste Erinnerung an die Sammlung ist ein winterlicher Besuch des Belvedere zusammen mit meiner Schwester Anne, die die Begeisterung unserer Mutter für unsere einheimischen Pflanzenwelt teilt. Schneeflocken wirbelten um die Glashäuser, als wir staunend eine um die andere gepflegte Reihe durchschlenderten. Ich erinnere mich an Pflanzenarten aus den Gattungen *Callistemon*, Akazien, Banksien → **Abb. 148 und 149** und *Melaleuca*, von denen einige Exemplare bis an die gläsernen Decken reichten. Trotz des Januarwetters blieben einige Pflanzen ihrer antipodischen Jahreszeit treu und blühten, während andere sich in der Zeit, die seit ihrer Übersiedelung vergangen war, in manchen Fällen über zwei Jahrhunderte, an die Gegebenheiten der anderen Erdhalbkugel angepasst hatten.

Ich war neugierig. Wie hatte sich eine solche Sammlung entwickelt? Meine Besuche weckten in mir das Interesse an der Faszination der Habsburger für die neu entdeckte Welt. Anders als andere europäische Mächte wurden sie nicht von kolonialen Ambitionen angetrieben, sondern von einer Sammelleidenschaft, die die entlegensten Winkel der Welt und ihre Natur in den Blick nahm. Das Kaiserhaus förderte den Ausbau der Sammlungen, der zum größten Teil in die Zeit fällt, in der Australien britische Kolonie war (1788–1901).

Mit diesem Interesse verband sich das Ziel, das Wiener Naturhistorische Museum (NHM) zu ermutigen, die Pflanzenillustrationen von Ferdinand Bauer (1760–1826) auszustellen. Bauer nahm zwischen 1802 und 1805 als Zeichner an der ersten Umsegelung Australiens teil. Nach seinem Tod wurden die meisten seiner Zeichnungen sowie die von ihm gesammelten zoologischen und botanischen Exemplare und Herbarbelege von Franz I., dem Begründer des Kaisertums Österreich, erworben und später Teil der Sammlungen des NHM.

Abb. 149 ***Banksia ericifolia*****,**
Foto: Michael Knaack

Im August 2014 hatten meine Bemühungen Erfolg, als das NHM Ferdinand Bauer eine Ausstellung widmete, die viele seiner detailgetreuen Darstellungen der australischen Flora und Fauna erstmals öffentlich präsentierte. 247
Die Eröffnung fand in der spektakulären Eingangshalle des Museums statt. Mit tatkräftiger Unterstützung der Österreichischen Bundesgärten wurden ihre Marmorböden dafür mit einem Wald aus über 20 australischen Bäumen und Pflanzen geschmückt. Nach der Veranstaltung schrieb ich Andrä Rupprechter, der damals als Landwirtschaftsminister für die Bundesgärten zuständig war, um der österreichischen Regierung für ihre Unterstützung bei der Erhaltung der australischen Sammlung zu danken.

Seitdem ich aus Wien in meine Heimat zurückgekehrt bin, liegt ein Schwerpunkt meiner Beschäftigung mit unserer Kolonialgeschichte auf dem europäischen botanischen Interesse an dem neu »entdeckten« Kontinent. Ferdinand Bauer, der nach einigen Jahren in England 1812 mit rund 2.000 Zeichnungen australischer Pflanzen und einem Herbarium, das über 3.300 Exemplare umfasste, wieder nach Österreich übersiedelte und sich in Hietzing niederließ, spielte dabei eine bedeutende Rolle.[314]

Noch andere Besucher aus dem Habsburgerreich trugen dazu bei, dass die außergewöhnliche Artenvielfalt Australiens in Europa bekannt und geschätzt wurde.

Thaddäus Haenke (1761–1816), der »tschechische Humboldt« und wie Bauer ein Protegé von Nikolaus Joseph von Jacquin, war Botaniker bei der Malaspina-Expedition, die 1793 Port Jackson besuchte.[315] Er schilderte dem britischen Botaniker Joseph Banks per Brief seine Eindrücke beim Pflanzensammeln in dem Gebiet zwischen Parramatta und Botany Bay während seines vierwöchigen Aufenthaltes. Haenkes Arbeit blieb 40 Jahre lang unveröffentlicht, könnte aber von Antonio José Cavanilles für sein zwischen 1791 und 1801 erschienenes botanisches Hauptwerk verwendet worden sein. Darin widmet sich der spanische Botaniker auch den Pflanzen, die die Expedition in der britischen Kolonie gesammelt hatte.[316]

Abb. 150 *Xanthorrhoea preissii*, Foto: Michael Knaack

Franz William Sieber (1789 – 1844), ebenfalls aus Prag, kehrte mit einer großen Menge von Pflanzenarten (1.500 laut dem deutschen Botaniker Reichenbach, der später mit Sieber zusammenarbeitete) nach Europa zurück, die er 1823 sieben Monate lang in dem Gebiet um Sydney gesammelt hatte.[317] Sieber nahm seine Sammlung mit nach London und Wien, um von der wachsenden Nachfrage nach australischen Pflanzen auch finanziell zu profitieren. Ein Teil von Siebers »Botany Bay«-Sammlung wurde über die Firma Lämmel & Sohn an den Kurator des Hofnaturalienkabinetts (das heutige NHM) verkauft.[318]

Carl Freiherr von Hügel (1795 – 1870) erfasste und sammelte von November 1833 bis Oktober 1834 Pflanzen von der Swan River Colony im Westen bis zur Norfolkinsel östlich von Australien. In seinem Tagebuch beschreibt er ausführlich seine Reisen und botanischen Beobachtungen.[319] Während seines gesamten Aufenthaltes schickte er über die österreichische Botschaft in London Samen und lebende Pflanzen nach Wien. Zeitweise beauftragte er Illustratoren, um seine schriftlichen Aufzeichnungen um Abbildungen zu ergänzen; die Archive des NHM umfassen 60 Farbzeichnungen von Pflanzen, die er in der Bucht des King George Sound gesammelt hatte. Über 30 Jahre lang korrespondierte und tauschte er Pflanzen mit der in Sydney ansässigen Familie Macarthur.[320] In seinem Garten in Hietzing pflegte er viele australische Arten und beeinflusste deren Kultivierung in den nahegelegenen kaiserlichen Gärten.[321]

Kein Österreicher, sondern gebürtiger Niedersachse war Ludwig Preiss (1811 – 1883). Zwischen 1838 und Januar 1842 sammelte er in Westaustralien rund 200.000 Exemplare von 2.700 Pflanzenarten. Mit Wien stand er etwa über Stephan Endlicher, Direktor des Botanischen Gartens der Universität, in Verbindung. Auch gelangten einige Pflanzen aus seiner umfangreichen, über ganz Europa verstreuten Sammlung nach Wien, insbesondere *Xanthorrhoea preissii* (Grasbaum), → Abb. 150 der erstmals von dem deutschen Botaniker Johann Georg Christian Lehmann in *Plantae Preissianae* beschrieben wurde.[322] Die beiden

Abb. 151 ***Lomatia silaifolia*****,**
Foto: Michael Knaack

zwischen 1844 und 1847 erschienenen gewichtigen Bände der *Plantae Preissianae* sind ein Referenzwerk für die westaustralische Flora.[323]

Von großer Bedeutung für den Transfer australischer Pflanzen nach Wien war die Vermittlung des Kaiserhauses, nicht zuletzt durch seine monarchischen Verbindungen. So übermittelte im Jahr 1816 London die persönliche Bitte des britischen Prinzregenten nach Sydney, den österreichischen Kaiser dabei zu unterstützen, »Samen der erlesensten Pflanzen, die aus New South Wales stammen«, zu sammeln. Gouverneur Macquarie schickte darauf Franz I. eine Sammlung mit der HMS *Lady Castlereagh*.[324] Auch nach der Oxley-Expedition von 1817 wurden Samen und Exemplare nach Wien verschifft.[325] Eine weitere Initiative des Kaiserhauses war die Weltumsegelung der SMS *Novara*, die zwischen dem 5. November und dem 7. Dezember 1858 Australien besuchte. Die Mitglieder der Forschungsexpedition sammelten mit Unterstützung des Leiters des Zoologischen Gartens in Sydney eine »reichhaltige und wertvolle« Sammlung australischer Pflanzen.[326]

Die Grenze zwischen der habsburgischen »Sammelpolitik« und den Bemühungen einzelner Forscher, die australische Sammlung zu erweitern, war fließend. Das Interesse des Kaiserhauses war ein Ansporn für diejenigen, die nach Finanzierung ihrer Unternehmungen, Karrieremöglichkeiten oder einfach, wie Sieber, nach einer Geschäftsmöglichkeit suchten. Jacquins Nachfolger betrachteten es zweifellos als ihre Pflicht, die kaiserlichen Gärten mit australischen Pflanzen zu versorgen. Ein herausragendes Beispiel dafür war Stephan Endlicher, seit 1836 Kustos des Hofnaturalienkabinetts, dessen Veröffentlichungen zur australischen Flora sich stark auf die Arbeiten von Bauer, Hügel, Sieber und Preiss stützten. Als Direktor des Botanischen Gartens seit 1840 und Vertrauter von Kaiser Ferdinand I. hatte er gewiss darauf Einfluss, welche Pflanzen für die kaiserlichen Gärten erworben wurden. Sowohl die Unternehmungslust einzelner Sammler als auch die reibungslose Verwaltung des Kaiserreiches waren eine wichtige Triebfeder, warum heute die Glashäuser des Belvedere eine so erstaunliche Vielfalt australischer Pflanzen beherbergen.

Die Verantwortung gegenüber dem kolonialen Erbe

Österreich hatte keine eigenen Kolonien, die Forschungsreisen wurden jedoch aus einem kolonialen Verständnis heraus unternommen. Im Auftrag des Kaiserhauses bereisten die Naturforscher und Hofgärtner mit der Genehmigung der jeweiligen Kolonialmacht fremde Regionen und entnahmen diesen ohne Rücksicht auf die indigene Bevölkerung lebende und tote Gegenstände: Pflanzen und Tiere, genauso wie Artefakte und Bodenschätze. Indigenes Wissen eignete man sich an, machte dies aber selten kenntlich.

Die Motivation des Kaiserhauses waren Machtzuwachs, wissenschaftliche Neugier und wirtschaftliche Interessen.[327] Die Forscher erfüllten vorrangig den kaiserlichen Auftrag, die Hofgärtner ihre Dienstpflicht und alle waren vom eigenen Entdeckergeist angetrieben. Für die Erfüllung dieser Aufgaben bediente man sich versklavter Menschen, die während der Expeditionen die alltäglichen Arbeiten übernahmen und so die Durchführung der Sammelreisen erst möglich machten. Belegt sind auch Fälle, dass Indigene aus ihrer Heimat mit Transporten mitreisten, um dann in Wien zu arbeiten. Ob dies freiwillig geschah oder sie dazu gezwungen wurden, geht aus den Quellen nicht hervor. Von Franz Boos wissen wir, dass er 1788 einen Schwarzen namens Michel aus Südafrika als Tierpfleger nach Wien brachte und ihm hier Winterkleidung schneidern ließ.[328] Johann Pohl nahm 1821 zwei Mitglieder eines Botokuden-Volkes aus dem heutigen brasilianischen Bundesstaat Minas Gerais mit nach Wien. Im Hofburggarten mussten sie einfache Arbeiten verrichten, vor allem waren sie eine Attraktion für das Publikum.[329]

Dass auch der Eingriff in die Natur Konsequenzen für die ansässige Bevölkerung hatte, war den Reisenden lange nicht bewusst. Es sollte noch einige Zeit dauern, bis man erkannte, dass Pflanzen, Tiere und ein funktionierendes Ökosystem die Lebensgrundlage der indigenen Bevölkerung sind, aber auch Einfluss auf das globale Klima haben. Einer der wenigen, der früh die Zusammenhänge erkannt hatte, war Alexander von Humboldt.[330] Meist standen wirtschaftliche Interessen im Vordergrund, die zum Beispiel dazu führten, dass wie im Fall des Orchideenfiebers im 19. Jahrhundert ganze Landstriche geplündert wurden, um die Pflanzen in europäischen Gärtnereien zu verkaufen.

In Europa nahmen sich Naturkundler, Botaniker, aber auch Laien der Erforschung der in Europa unbekannten Pflanzen an. Der Wettlauf um Erstbeschreibungen war mit wissenschaftlichem Ruhm verbunden. Die Pflanzen waren aber nur in Europa unbekannt. Ein Großteil von ihnen wurde am Naturstandort von der indigenen Bevölkerung seit Langem genutzt. Sie verfügte über das Wissen um ihre Kultivierung und Nutzungsmöglichkeiten. Auch hatte sie den Pflanzen Namen gegeben. Während der ersten vom Kaiser in Auftrag gegebenen Expedition in die Karibik (1754–1759), für die Nikolaus von Jacquin verantwortlich war, lehnte dieser den Kontakt mit der indigenen Bevölkerung noch ab, in der Überzeugung, dass diese ihr Wissen nicht teilen würden.[331] Als Franz Boos und Georg Scholl 1785 im Auftrag des Kaiserhauses nach Südafrika reisten, hieß es in den Instruktionen explizit, dass Boos »bey jeder Pflanze und jedem Thier den Namen vermerken [solle], der ihnen von den dortigen inwohner allgemein gegeben wird«.[332] In den Listen, die Boos und Scholl über ihre Aufsammlungen führten, sind indigene Namen nicht vermerkt. In der Liste der Pflanzen, die Franz Boos aus dem Königlich Botanischen Garten aus Mauritius bekommen hatte, sind indigene Namen dagegen zu finden, weiterverwendet wurden sie jedoch nicht.[333] Während der Expedition nach Brasilien (1817–1821) lernte Heinrich Wilhelm Schott schließlich Grundbegriffe indigener Sprachen, um das Wissen der Indigenen zu nutzen.[334] Die Quellen dieses Wissens wurden in der Folge meist nicht mehr berücksichtigt, gleiches gilt für die ursprünglichen Namen der Pflanzen. Allgemein ist die botanische Nomenklatur von der Wissenschaft des globalen Nordens geprägt. Indigene Begriffe tauchen in botanischen Bezeichnungen nur vereinzelt auf.[335]

Als man sich Ende des 19. Jahrhunderts innerhalb der kaiserlichen Hofgärten bewusst wurde, dass Pflanzen an Naturstandorten bedroht sind, war die Konsequenz, dass man die verbliebenen Exemplare dort entnehmen und sie in die kaiserlichen Sammlungen nach Wien bringen müsse. Man war der Meinung, dass sie nur hier bewahrt werden könnten. Diese Argumentation ähnelt stark der Diskussion im Rahmen der Restitution afrikanischer Kunstwerke aus europäischen Museen. Auch hier wurde lange das Argument angeführt, dass viele afrikanische Kunstwerke nur deshalb erhalten blieben, weil sie in europäischen Museen aufbewahrt werden, da die Herkunftsstaaten nicht dazu in der Lage seien.[336]

Im Gegensatz zu Kunstwerken handelt es sich bei Pflanzen nicht um Unikate. Viele Pflanzen sind am Naturstandort in ausreichender Menge vorhanden, sodass sich die Arten selbst erhalten können. Die Österreichischen Bundesgärten mit ihren Pflanzensammlungen haben eine Verantwortung für ihr Erbe, der sie sich stellen. Grundlage ist die wissenschaftliche Aufarbeitung der Geschichte der Sammlungen. Man muss wissen, wie, woher und wann die Pflanzen in die Sammlungen gebracht wurden. Anders als in Museen, in denen Kunstwerke seit Jahrhunderten Inventarnummern haben und Provenienzen im Idealfall lückenlos dokumentiert sind, ist dies bei den Pflanzen in den ehemaligen kaiserlichen Sammlungen nicht der Fall. Nur in Einzelfällen wie der Alten Dame von Schönbrunn, der etwa 500 Jahre alten *Fockea capensis*, die Ende des 18. Jahrhunderts aus Südafrika nach Wien gebracht wurde, ist die Provenienz lückenlos nachvollziehbar. Normalerweise ist anhand der Inventarlisten bekannt, dass in einem Jahr eine bestimmte Art in der Sammlung vorhanden war. Ob genau diese Pflanze noch lebt, ob sie vermehrt wurde oder ob es sich in Wirklichkeit bei ihrer Nachbarin um die gesuchte Pflanze handelt, wissen wir nicht. Exakte Inventarnummern werden erst seit 2002 vergeben. Anhand der Inventarlisten ist nur ersichtlich, seit wann die Art in den Sammlungen vorhanden ist und ob sie durchgängig kultiviert wurde. Im Idealfall kann mithilfe von Archivalien oder anderen zeitgenössischen Berichten in mühsamer Detektivarbeit nachvollzogen werden, woher diese Art stammt und wie sie in die Sammlung gelangt ist. Regelmäßige Änderungen in der botanischen Nomenklatur und Umgruppierungen in der Zuordnung erschweren diese Arbeit zusätzlich. Viele Pflanzen in den Sammlungen der Österreichischen Bundesgärten sind glücklicherweise auch am Naturstandort vorhanden.

Die Pflanzen in den Sammlungen haben oft einen hohen genetischen Wert, da bei solchen, die nur vegetativ über Stecklinge vermehrt werden können, das Genmaterial seit Jahrhunderten unverändert ist. Eine Aufgabe der Ex-situ-Sammlung ist es daher auch, Kontakte zu Institutionen an den Naturstandorten zu pflegen. Naturstandorte können mit dem vorhandenen Genmaterial unterstützt und mit den Ursprungsländern Möglichkeiten einer gemeinsamen fairen Nutzung entwickelt werden.

Partnerschaft und Zusammenarbeit

In besonderen Fällen gelingt sogar die Auswilderung von am Naturstandort ausgestorbenen Pflanzen, die seit Jahrhunderten Ex-situ in den Botanischen Sammlungen kultiviert werden. Im Jahr 2000 erreichte die Österreichischen Bundesgärten eine Anfrage aus Südafrika. Im Botanischen Garten Kirstenbosch war man auf der Suche nach zwei Eriken-Arten, die an ihrem Naturstandort als ausgestorben galten. Im darauffolgenden Jahr wurden Jungpflanzen von *Erica turgida* und *Erica verticillata* aus den Botanischen Sammlungen im Belvederegarten dem Botanischen Garten Kirstenbosch übergeben → **Abb. 152**. Die beiden Erika-Arten waren im 19. Jahrhundert in die kaiserlichen Sammlungen gekommen und werden seitdem in Wien kultiviert und über Stecklinge regelmäßig vermehrt und verjüngt. In der Folge entwickelte sich ein reger Austausch zwischen den Gärtnerinnen und Gärtnern des Belvederegartens und des Botanischen Gartens Kirstenbosch.

← Abb. 152 Im Botanischen Garten in Kistenbosch, Südafrika, wurden Exemplare von *Erica verticillata* aus der Botanischen Sammlung im Belvedere erfolgreich ausgewildert, Foto Anthony Hitchcock

↑ Abb. 153 Das Palmenhaus im Hofgarten in Innsbruck, Foto Helmut Wahler

↓ Abb. 154 Das Bärental in den Karawanken ist einer der Standorte, an dem die Österreichischen Bundesgärten Samen für den Internationalen Samentausch sammeln, Foto Michael Knaack

Aufgrund der langen, über viele Generationen tradierten Erfahrung mit der Kultur von Eriken sind die Österreichischen Bundesgärten Gründungsmitglied des Global Conservation Consortiums for Erica (GCCE), in dem botanische Gärten aus Afrika, einschließlich Madagaskar, aus Europa, Australien und den USA den Schutz der Erika-Population am Naturstandort und die Weiterentwicklung von Ex-situ-Sammlungen weltweit fördern.[337] Mit den Pflanzensammlungen leisten die Österreichischen Bundesgärten einen wichtigen Beitrag zum Erhalt der biologischen Vielfalt und der weltweiten Sicherung der Biodiversität.

Wegen des Platzbedarfes, aber auch aus Gründen der Pflanzengesundheit sind die Sammlungen auf mehrere Standorte aufgeteilt. Am historischen Ort des alten Holländischen Gartens bekommen die Besucherinnen und Besucher im Großen Palmenhaus und im Wüstenhaus in Schönbrunn einen Einblick in die Vielfalt der Sammlungen, ebenso im Schmetterlingshaus im Burggarten und im Palmenhaus im Innsbrucker Hofgarten → **Abb. 153**. Der Alpengarten im Belvedere kultiviert seit 1865 die Flora der Alpen und anderer Gebirgsregionen sowie seit den 1980er Jahren eine Bonsaisammlung.

Die weit größere Zahl der Pflanzen wird jedoch in den öffentlich nicht zugänglichen Glashäusern der Reservegärten im Schlosspark Schönbrunn, im Belvederegarten und im Augarten kultiviert.

Neben der Dauerpräsentation in den Schauhäusern, regelmäßigen Sonderausstellungen, dem Erhalt des Bestandes und der Sicherung der Biodiversität erfüllen die Pflanzen auch einen wichtigen Zweck im Rahmen der Öffentlichkeitsarbeit und von Forschungskooperationen. Bei Sonderführungen durch die Reservegärten können Besucherinnen und Besucher die Schätze der Botanischen Sammlungen kennenlernen und erfahren von den Gärtnerinnen und Gärtnern Details aus ihrer täglichen Arbeit mit den Pflanzen. Praktische Unterrichtseinheiten von Lehranstalten und Universitäten werden in den Glashäusern der Reservegärten abgehalten, und einzelne Bestände stehen regelmäßig für Forschungsprojekte zur Verfügung. In der Natur bedrohte Pflanzen werden dafür gezielt kultiviert und müssen nicht am Naturstandort entnommen werden.

Waren in früheren Jahrhunderten die inoffiziellen Netzwerke der Hofgärtner wichtig für den Austausch von Samen, Pflanzen und Wissen, so haben heute internationale Institutionen und Vereinigungen von Berufsgruppen diese Funktion übernommen.

Über das internationale Samentauschprogramm (IPEN), an dem weltweit über 400 Botanische Gärten und Institutionen teilnehmen, werden Samen von in den Sammlungen kultivierten Pflanzen an die Mitglieder des Netzwerkes für Forschungszwecke und zur Arterhaltung kostenlos abgegeben. Ebenso sammeln Bedienstete des Alpengartens im Belvedere jedes Jahr mit offizieller Genehmigung in den österreichischen Alpen Samen von Wildpflanzen **→ Abb. 154**. Jedes Jahr schicken die Österreichischen Bundesgärten 1.000 bis 1.500 Samenpackungen in die ganze Welt **→ Abb. 155 und 156**. Seit mehr als 450 Jahren werden in den ehemaligen kaiserlichen Hofgärten Pflanzen gesammelt. Dass diese Grüne Schatzkammer bis heute existiert, ist nicht selbstverständlich. Die habsburgischen Kaiser und ihre Hofgärtner haben ebenso dazu beigetragen wie die politisch Verantwortlichen der Republik Österreich, die Dienststellenleitung und die Mitarbeiterinnen und Mitarbeiter der Österreichischen Bundesgärten. Die Botanischen Sammlungen der Österreichischen Bundesgärten sind ein Teil des historischen Erbes Österreichs.

← **Abb. 155** Die gesammelten Samen werden im Alpengarten im Belvedere sortiert und bestimmt, gereinigt und getrocknet, bevor sie zum Versand verpackt werden, Foto: Gianmaria Gava

↓ **Abb. 156** Samen von *Ornithogalum pannonicum, Bergenia crassifolia* und *Saxifraga* sp., Foto: Gianmaria Gava

256 PFLANZEN-

Begonia melanobullata ist in Nordvietnam heimisch und beeindruckt durch ihre schwarzen behaarten Bullae (Blasen).

PORTRÄTS

← *Citrus* 'Bizzarria' ist eine Pfropfchimäre aus Bitterorange und Zedratzitrone. Sie wurde Mitte des 17. Jahrhunderts erstmals in Florenz beschrieben.

↑ Der Farn *Neocheiropteris ovata* ist in Ostasien heimisch.

↑ *Aerides multiflora* ist eine in Südostasien heimische Orchideenart.

→ *Xanthosoma sagittifolium* wurde 1853 von Hofgartendirektor Heinrich Wilhelm Schott als *Xanthosoma violaceum* erstbeschrieben.

Laelia perinii × *Cattleya labiata* ist eine jüngere Hybride, die in Schönbrunn entstanden ist.

Das in Kolumbien heimische *Anthurium magnificum* ist heute eine beliebte Zimmerpflanze.

← *Pelargonium crispum* gehört zur Cap-Flora und kam Ende des 18. Jahrhunderts nach Schönbrunn.

↑ Die Kannenpflanze *Nepenthes × robusta* ist eine 1880 erstbeschriebene Hybride aus *N. hookeri × N. phyllamphora.*

← *Begonia brevirimosa* subsp. *exotica* wurde 1954 in Papua Neu Guinea gesammelt und 2005 erstbeschrieben.

↑ Pomeranzen (*Citrus* × *auratium*) sind ab 1542 an der Wiener Hofburg nachweisbar.

↑ *Pelargonium gibbosum × lobatum* ist eine zu Beginn des 19. Jahrhunderts entstandene Hybride.

→ Für Dekorationszwecke werden ausgesuchte Exemplare der Pelargoniensammlung nicht geschnitten wie dieses *Pelargonium cucullatum*.

↑ Zwei 2011 aus Samen gezogene Nachkommen der Alten Dame von Schönbrunn – *Fockea capensis*.

→ *Echinopsis aurea* subsp. *aurea* mit ihren auffallenden goldgelben Blüten stammt aus dem Norden Argentiniens.

KLINGER
ZU
KLINGER
ZU

← *Pelargonium × splendide* ist eine Hybride aus *P. tricolore* und *P. ovale.*

↑ Die in Mittelamerika heimische Orchidee *Prosthechea baculus* wurde 1856 von Heinrich Gustav Reichenbach als *Epidendrum baculus* erstbeschrieben.

↑ Die gesamte Blattoberfläche der in Südafrika heimischen *Aloe ferox* ist mit Dornen besetzt.

→ *Begonia rex* ist seit 1860 in den Sammlungen nachweisbar.

Die Hybride *Phragmipedium × sedenii* entstand 1873 in der Londoner Gärtnerei James Veitch.

Die zur Cap-Flora gehörende *Kumara plicatilis*
wurde 1768 als *Aloe plicatilis* erstbeschrieben.

Epilog

Michael Knaack

Die Aufgabe der Botanischen Sammlungen der Österreichischen Bundesgärten besteht vornehmlich in der Erhaltung (und sinnvollen Ergänzung) des bestehenden Pflanzenbestandes. Diese Arbeit erfolgt heute mithilfe vieler moderner, aber auch vieler überlieferter alter und seit Langem erfolgreich angewendeter Arbeitsmittel und -methoden. So liegt zum Beispiel im Alpengarten im Belvedere neben dem alten, abgegriffenen Senkholz zum Einsenken der Tontöpfe aus dem vorigen Jahrhundert ein moderner Barcode-Scanner, um das Inventar aufzunehmen. Die Erfahrung der ständig mit den Pflanzen arbeitenden Gärtnerinnen und Gärtner ermöglicht die bestmögliche Nutzung dieser Mischung aus alten und neuen Arbeitsmethoden.

Als ich 1990 meine Arbeit in den Österreichischen Bundesgärten begann, war vor allem die gelebte Autarkie beeindruckend und neu für mich – Kompost wurde selbst verarbeitet, Kulturgefäße wie Holzkübel selbst hergestellt, viele Werkzeuge und Maschinen in den Werkstätten selbst angefertigt. Dieser in sich geschlossene Wirtschaftsbetrieb, der weitgehend von äußeren Einflüssen unabhängig war und über lange Zeit effizient funktioniert hatte, war neu und interessant für den frisch angekommenen Studienabbrecher, der unbedingt Gärtner werden wollte.

Die Ausbildung in den Österreichischen Bundesgärten beginnt noch immer in der sogenannten Produktion, wo vor allem die Pflanzen für die Wechselbepflanzungen in den Gartenanlagen und für die Schauhäuser produziert werden. Dort ist man als Anfänger erst einmal von den schieren Zahlen und Mengen an Arten und Sorten beeindruckt, die dort ausgesät, kultiviert und zum richtigen Zeitpunkt in der richtigen Qualität zur Verfügung stehen müssen → Abb. 157. Oft auf den Tag genau müssen die Sommerblumen zum Auspflanzen zur Verfügung stehen, um die enge Lücke zwischen dem erstmöglichen Termin, knapp vor den Eisheiligen Mitte Mai, und dem meist direkt darauffolgenden letztmöglichen Termin vor einem Konzert oder Ähnlichem nutzen zu können. Im Glashaus sollen die Blüten sich eben erst öffnen und am besten am nächsten Tag im Beet oder Boskett in voller Schönheit erstrahlen, dies aber dann bis zum ersten Frost ohne Ermüdungserscheinungen.

Nach einem halben Jahr wird der Ausbildungsplatz gewechselt und in einer der vielen Abteilungen der Botanischen Sammlungen ein weiteres Halbjahr gearbeitet und gelernt. Danach folgen zwei Halbjahre in einem der Parks und ein Jahr mit monatlichem Wechsel wird an der HBLFA für Gartenbau in verschiedensten Bereichen verbracht, bevor die Ausbildung zum Facharbeiter abgeschlossen ist. Weitere drei Jahre Ausbildung dauert es bis zum Gärtnermeister oder zur Meisterin und oft noch weitere Jahre bei der jeweiligen Kultur bis zum Erreichen der notwendigen Erfahrung und Fertigkeit, um als Kulturleiterin oder Spezialgärtner die Tradition der Gärtnerkunst weiterzutragen.

Allen Sammlungen gemein ist, dass Fingerspitzengefühl und Geduld sowie sehr exaktes Arbeiten erforderlich sind. Viele unserer Arten sind sehr selten und entweder am Naturstandort vom Aussterben bedroht oder gar nur mehr in Kultur bekannt. Nur durch stetiges Weitervermehren können diese Arten noch erhalten werden. Groß ist dadurch der Verantwortungsdruck, der auf dem zuständigen Gärtner lastet, wenn die zu erhaltende Pflanze die letzte ihrer Art oder durch ihre Geschichte einzigartig ist, sei es die älteste im Topf lebende Pflanze, eine über hundert Jahre alte Azalee oder ein noch aus der Kaiserzeit stammender Zitrusbaum. Der Aufwand, der für den Erhalt solcher Raritäten nötig ist, erfordert viel Zeit und auch Geld. Nicht immer ist auf den ersten Blick zu erkennen, ob sich dieser Aufwand auch lohnen wird. Den großen ideellen Wert dieser Pflanzen schätzt man in vielen Fällen erst, wenn man mit ihnen und ihrer Geschichte lebt – und schließlich selbst ein Teil ihrer Geschichte wird. Häufig entsteht eine nicht zu unterschätzende enge Beziehung zwischen den Gärtnerinnen und Gärtnern und »ihren« Pflanzen.

Abb. 157 Etwa 350.000 Pflanzen werden jedes Jahr für die Wechselbepflanzung der Beete in den Parkanlagen der Österreichischen Bundesgärten produziert, Foto: Isabella Kanka

Immer wieder scheiterte im Lauf der Jahrhunderte der Wunsch der politisch Verantwortlichen, die Sammlungen zu entrümpeln und billiger im Unterhalt zu machen, am Widerstand der Gärtner, die sich von »ihren« Pflanzen nicht trennen wollten und konnten. Auch auf diese etwas unorthodoxe Art und Weise blieb die Kontinuität der Sammlungen über lange Zeiten erhalten und widerstand sich rasch ändernden Modeerscheinungen und wirtschaftlichen Überlegungen. Die enge Bindung der einzelnen Kulturleiterinnen und Kulturleiter an ihre Pflanzen ermöglichte es, auch große Teile der Sammlungen während regelmäßig wiederkehrender Krisenzeiten zu erhalten. Dass Gärtner besonders wertvolle Pflanzen aus den Botanischen Sammlungen während des Zweiten Weltkrieges auf dem heimischen Fensterbrett kultivierten und nach Kriegsende wieder zurückbrachten, ist eines der nicht selbstverständlichen Beispiele. Ein anderes: Im Alpengarten wurde von den dortigen Gärtnerinnen eine große Zahl von Erika-Arten als kleine bewurzelte Stecklinge im damaligen Alpinenhaus erhalten. Als Dankeschön halfen die Glashausgärtner nach dem Krieg mit, den verwachsenen Alpengarten zu retten, indem sie jeden Tag nach der Arbeit noch ein oder zwei Stunden ihre Kolleginnen und Kollegen dort unterstützten. Dieser gegenseitige Respekt zwischen den einzelnen Sammlungsbereichen und das Verantwortungsgefühl für den Erhalt der gesamten Sammlung ist auch heute noch zu spüren. Es hilft auch heute noch über so manche Schwierigkeit hinweg, wenn etwa beim jährlichen Aus- oder Einräumen der Kulturen alle mithelfen, wenn bei Schwierigkeiten mit fachlichem Rat und Hilfe nicht gegeizt wird und wenn auch mit knappem Material gegenseitig ausgeholfen wird.

AdR = Archiv der Republik
HHStA = Haus-, Hof- und Staatsarchiv
ÖBG = Österreichische Bundesgärten
ÖGG = Österreichische Gartenbau-Gesellschaft
ÖNB = Österreichische Nationalbibliothek
KHM = Kunsthistorisches Museum
NHM = Naturhistorisches Museum
SKB = Schloß Schönbrunn Kultur- und Betriebsges.m.b.H.

Anmerkungen
Literaturverzeichnis
Register
Autorinnen & Autoren
Botanische Sammlungen
Bildnachweis
Impressum

Anmerkungen

I Pflanzen sind Kunstgegenstände

1 Major 1674, Kap. I, § 1
2 Lietzmann 1987
3 Rudolf 2015, S. 133–165
4 Lietzmann 1987
5 Lhotsky 1941–45, S. 75–108. – Holzschuh 1989
6 Dobalová 2014. – Martz 2014
7 Beck 2004
8 Ausst. Kat. Nürnberg 2011
9 Heilmeyer 2001
10 Pontano 1505
11 Martz 2014, S. 11. – Dobalová, Hausenblasová 2015
12 Puppe 2002, S. 22, Anm. 6
13 Hassmann 2004, S. 253
14 Vortrag Franz Boos vom 18.05.1808, (HHStA) OMeA 145 – 1808 363/1152
15 Brief Franz Bredemayers an das Obersthofmeisteramt vom 27.12.1827, HHStA OMeA 329 – 1827
16 Brief Karl Rauchs vom 15.09.1857, HHStA OMeA 694 – 1857
17 Gröschel 2015, S. 152–172
18 Antrag Adolf Vetters vom 09.06.1872, HHStA OMeA 902 – 1872
19 Schütz 2008
20 Wied 2008
21 Ames-Lewis 1979, S. 128–129
22 Bibl 1918
23 Mattioli 1563
24 Schuckelt 2004
25 Clusius 1583
26 Petz-Grabenbauer 2016
27 Maegd 2000
28 Welzel 2002
29 Bokovinská 2015, S. 243. – Rudolf 2015, S. 137
30 Hassmann 2004
31 Hassmann 2004, S. 250
32 Reisediarium chursächsischer Gesandter 1660, zit. nach Hassmann 2004, S. 254–255
33 Iby, Mader-Kratky 2023, S. 44–45
34 Hajós 2013
35 Raschauer 1960, S. 54–79
36 Schreiben des Schlosshauptmannes Reiter und des Hofgärtners Hätzl vom 14.09.1718, Hofkammerarchiv Wien, nr. 1783/d, Fasc. C.
37 Raschauer 1960, S. 54–79
38 Seeger 2004
39 Küchelbecker 1730
40 Gröschel 2008
41 Lack 2003, S. 38–43.
42 Kleiner 1731–1740
43 Aurenhammer 1969

II Systematisches Sammeln

44 Instruktion für den k. k. Gärtner Franz Boos, 7. November 1785, ÖNB SN 25866
45 Klemun 2004
46 Leitner 1875, S. 21
47 Hassmann 2004, S. 549–550. – Oehler 1805–1806, Bd. 2, S. 4
48 Berkhout 2023, S. 57–90
49 HHStA Poschakten JS, Kt. 32.
50 Leydse Vrydagse Courant, Nr. 99, 17.08.1753, S. 1
51 Berkhout 2023, S. 84
52 Petz-Grabenbauer 1997
53 Graphische Sammlung Albertina, Plan Inv. AZ5502
54 Jean Baptiste Bréquin de Demenge: Carte des environs de Schönbrun et ceux de Laxemburg, levée en Novembre et Décembre MDCCLIV et Avril MDCCLV par ordre de sa majesté imperiale et royale«, Blatt 1 und 4, ÖNB
55 Laborde 1821, Bd. 2, S. 56
56 Die americanische Ananas, in: Volkamer 1714, S. 210–216
57 Johnson 2019
58 Abercrombie 1792
59 Lebl 1893
60 HHStA HGD 1 und 2; HHStA OMeA 145 – 1808
61 Franz Bredemayer: Schönbrunner Obstbüchel, 1829–1844, Ms., ÖBG
62 HHStA OMeA 1061 – 1863
63 Bartholomew, Hawkins, Lopez 2012
64 Baumgartner 2003
65 HHStA Poschakten JS, Kt. 32
66 Berkhout 2023
67 Riedl-Dorn 2003
68 Linné 1753
69 Klemun, Hühnel 2017
70 Zedinger 2009
71 Duhamel du Monceau 1752
72 Klemun, Hühnel 2017, S. 82–94 . – Madriñán 2013
73 Klemun 2009

74 Klemun, Kühnel 2017. – Madriñán 2013. – Jacquin 1797–1804, Bd. 1, S. II–III.
75 Kayserlicher Und Königlicher Wie auch Ertz-Hertzoglicher Und Dero Residentz-Stadt Wien Staats- und Stands- Calender, 1784, S. 404 u. 1789, S. 388
76 Klemun, Kühnel 2017
77 Jacquin 1797–1804
78 ÖNB SN 1596
79 Jacquin, 1797–1804
80 Instruktion für den k. k. Gärtner Franz Boos vom 7.11.1785, ÖNB SN 25866
81 Instruktion, ÖNB SN 25866
82 ÖNB Ser. nov. 1596. – Rechnungsbuch Franz Boos, HHStA OMeA SR 175
83 Instruktion, ÖNB SN 25866
84 Boerhaave 1710; Burmann 1738–39; Houttuyn 1773–1785
85 Briefwechsel, ÖNB SN 25866
86 Ly-Tio-Fane 1982
87 Brief Céré an Boos, 23. März 1788, Royal Society of Arts and Sciences, St. Maurice, zit. nach Madeleine Ly-Tio-Fane 1982, S. 98
88 Jangoux 2010, S. 32
89 Wimmer 2001, S. 50–55
90 Walt 1979–1988
91 Liste der nach Schönbrunn mitzubringenden Kap-Pflanzen, ÖNB SN 1596
92 Sweet 1820–1830
93 Der Pelargonien-Tempel 1832, S. 86–89.
94 Klier 1826
95 Trattinnick 1825–1843
96 Gröschel 2021
97 k. k. Gartenbau-Gesellschaft 1833
98 Klier 1826, S. 35
99 Inventarium der im k. k. Hofburggarten befindlichen kalten Haus Pflanzen für das Jahr 1834, HHStA GdPFF, ÄR, Kt. 23, Fasc. 7
100 Seiler, Hlavac 2016, S. 146
101 Wimmer 2002, S. 18–23
102 Brunner 1871, S. 74–75
103 Brief Scholl an Boos 28.06.1794, ÖNB SN 25886
104 Rechnungsbuch Scholl, HHStA OMeA SR 175
105 Exposés Baudins 20.09.1791, HHStA Ostindische Kompanie, Triest-Antwerpen, 7, Konv. C
106 Brief Baudins vom 29.12.1791, HHStA Ostindische Kompanie, Triest-Antwerpen, 7, Konv. C.
107 Brief Baudins vom 22.11.1791, HHStA Ostindische Kompanie, Triest-Antwerpen, 7, Konv. C.
108 HHStA Stk Wissenschaft und Kunst 6, Akt Baudin
109 Brief Georg Scholl vom 28.06.1794, ÖNB SN 25866
110 ÖNB SN 25866
111 Rechnungen Georg Scholl 1788–1799, HHStA OMeA SR 175
112 Hajós 2003
113 Baumgartner 2003, S. 480–482
114 Lack 2018, S. 16
115 Bruhns 1872
116 Kronfeld 1891
117 Segelken 2000, S. 46
118 Oehler 1805–1806, Bd. 2, S. 31
119 Hajós 2003, S. 436–464
120 Hassmann 2013/14
121 Jacquin 1797–1804, Bd. 1, S. VI.
122 Jacquin 1797–1804
123 Vortrag vom 18. Mai 1808, HHStA OMeA 145 – 1808
124 Boos 1816
125 Carl Diesner: Hauptverzeichnis der im k. k. Hofgarten zu Schönbrunn kultivierten Pflanzen, Ms. 1897, Archiv ÖBG
126 Lack 1999
127 Jacquin 1797–1804
128 Jacquin 1781–1795. – Jacquin 1809
129 Lack 2006
130 Bredemayer, Knapp um 1830
131 Wawra 1866
132 Peyritsch 1879
133 Antoine 1884
134 Oehler 1805
135 Iby, Mader-Kratky 2023, S. 51
136 Raschauer 1960, S. 103–104.
137 Hajós 1995, S. 81–84
138 Hajós 2004
139 Wiener Zeitung, 9. Februar 1785, S. 1–2
140 Wiener Zeitung, 8. Februar 1786, S. 1–2
141 Wiener Zeitung, 4. Oktober 1814, S. 1
142 Wiener Zeitung, 12. Oktober 1814, S. 1
143 Welzbacher 2013
144 Wied-Neuwied 2015. – Zischler, Hackethal, Eckert 2013
145 Wagner 2022
146 Mauthe 1992
147 Kann, Riedl-Dorn 2001
148 HHStA StK Brasilien, Kt. 1
149 Wiener Zeitschrift für Kunst, Literatur, Theater und Mode, 2. April 1817, S. 220
150 Schmutzer 2011
151 Wagner 2022, S. 133–136
152 Brasilianische Naturmerkwürdigkeiten in Wien, in: Wiener Zeitschrift für Kunst, Literatur, Theater und Mode, 4.12.1821, S. 1217–1221
153 Mauthe 1994, S. 20
154 Tagebücher Schott, in: Schreibers 1820–1822, S. 30
155 Tagebücher Schott, in: Schreibers 1820–22
156 Schott 1821
157 Martz 2010
158 Pezzl 1862, S. 162
159 Skamperls, Baumgartner 2014
160 Schmidl 1839
161 Schmidl 1858, S. 264–265
162 Schmidl 1839, 3. Bd., S. 71
163 HHStA HGD 24 – 1829
164 HHStA HGD 24 – 1829
165 HHStA HGD 24 – 1829
166 Lorenz; Mader-Kratky 2016, S. 506–507
167 Martz 2010

168 HHStA HBA 178 – 1802
169 HHStA HBA 187 – 1803
170 Oehler 1805, Bd. 2, S. 34–42
171 HHStA HBA 186 – 1803
172 Schmidl 1839, S. 77
173 Bredemayer, Knapp um 1830
174 Cuveland 2006. – Lack 2021
175 Wawra, 1866. – Peyritsch 1879
176 Marić 2020. – Maric 2024
177 HHStA HGD 24, 1829
178 HHStA OMeA 570 – 1849
179 Jacquin 1819, S. 3
180 Unterschutzstellung Ginkgo 1938, AdR HBbBuT Schönbrunn 1Rep
181 Peintner 1841. – Rottenberger 1927, S. 97–111
182 Hofgartendirektor Franz Antoine kaufte für 1.000 Gulden die Orchideensammlung J. G. Beers, HHStA OMeA 863 – 1869. – Anonym [Der Gartenfreund] 1869
183 Anonym [Illustrirte Flora] 1901
184 Bericht des Hofgarten-Inspektors Franz August Vogel vom 29.11.1899, HHStA OMeA 1491 – 1899, 34/13/28 Z. 466
185 Bewilligungsansuchen vom 18. April 1878, HHStA OMeA 978 – 1878, 34/B/2
186 Stellungnahme Anton Umlaufts, 04.03.1903, HHHStA OMeA 1576 – 1903, 34/19/234
187 Banksien, in: Zeitschrift für Gärtner und Gartenfreunde, 3, 1906, S. 27–29
188 HHStA OMeA 1418 – 1899, 34/13/32
189 HHStA OMeA 1811 – 1909, 34/34, Z. 1501 u. 1037/1
190 HHStA OMeA 1811 – 1909, 34/34, Z 28138/1
191 Wiener Diarium, 5. Mai 1788. – Berger 2019
192 Wimmer 2020, S. 33
193 Jühlke 1861, S. 32
194 k. k. Gartenbau-Gesellschaft 1864
195 Gröschel 2021
196 Baumgartner, Martz 2011
197 Baumgartner 2003
198 Kohlmaier, Sartory 1988
199 Kostenvoranschlag, vom 27.04.1869, HHStA OMeA SR 174
200 HHStA OMeA 987 – 1878, 34/A/4, 35/6
201 Schreiben des Hofgarteninspektors Adolf Vetter an das Obersthofmeisteramt vom 27.11.1878, HHStA OMeA 987 – 1878
202 Baumgartner 2003, S. 495–496
203 Accord Protokoll 1. April 1880 Z 1756 und Z 3438, HHStA OMeA 1015 – 1880
204 Fogarassy 2011
205 Wiener Abendpost, Beilage zur Wiener Zeitung, 19.06.1882, S. 2 – Wiener Allgemeine Zeitung, 19.06.1882, S. 2 – Die Presse, 19.06.19882, S. 1 – Morgen-Post, 19.06.1882, S. 2 – Wiener Salonblatt, 25.06.1882, S. 7
206 A.h. Erschließung vom 25. Juni 1882, HHStA OMeA 1045 – 1882
207 Nettlau 1884
208 Anonym [Neue Freie Presse] 1884
209 HHStA OMeA 1076 – 1884, 34/B/1, 2370
210 Bericht vom 07.03.1883, HHStA OMeA 1061 – 1883
211 HHStA OMeA 1576 – 1903. – Baumgartner, Martz 2011, S. 131
212 HHStA PAB E IV h 3; PAB E IV h L. – Telesko 2012, S. 314–318
213 Ernst Gall: Gutachten über die Wiener Staatsgärten, Ms., Berlin 21. Juli 1941, Archiv Stiftung Preußische Schlösser und Gärten Berlin-Brandenburg
214 Wiener Beobachter, 01.04.1940, S. 1 – Illustrirte Kronen-Zeitung, 01.06.1941, S. 5 – Das kleine Volksblatt, 24.01.1942, S. 5 – Wiener Morgenblatt, 05.02.1943, S. 2 – Wiener Kronen-Zeitung, 03.03.1943, S. 5. – Kleine Volks-Zeitung, 02.03.1944, S. 4
215 Völkischer Beobachter, 20.02.1945, o. S.
216 Deimel, Vogl 2002, S. 46
217 Prehsler 1987
218 Krist 2009 – Presseinformation SKB 07.11.2014

III Die Pflanzenarche

219 Rottenberger 1934
220 Hügel 1839, S. 34
221 Cuby, Wesley 2006, S. 5
222 Endlicher, Hartinger, Seemann 1844–1860, Bd. 2, S. 81–84
223 Lindley 1821, Tab. 33
224 Maatsch 1985, Bd. 2, S. 3–31
225 Humboldt 1859–1860, Bd. 3, S. 281–282. – Holl 2018
226 Ruskin [1901], S. VII–VIII
227 Dilsaver 1994. – Hönes 2004
228 Janchen 1933, S. 96
229 Nachlass Julius Polese, ÖBG
230 Intimat an die k. k. Hofgartendirektion vom 16.09.1866, HHStA OMeA 820 – 1866, 34/18/3805
231 Rottenberger 1927, S. 106–108
232 Anton Umlauft, 04.03.1903, HHStA OMeA 1576 – 1903, 34/19/234
233 Anton Umlauft, 05.04.1902, HHStA OMeA 1537 – 1902
234 Unsigniertes Manuskript, 1902, Archiv ÖBG
235 Jacquin 1797–1804
236 Peyritsch 1879
237 Chamisso 1827, S. 95
238 Lyons 1851
239 Beer 1854
240 Maatsch 1985, Bd. 2, S. 3–31
241 Anonym [Österreichische Garten-Zeitung] 1915
242 Hefka 1914
243 Anonym [Illustrirte Flora] 1901
244 Rottenberger 1927
245 Hefka 1913
246 Nachweis des Erlöses der Versteigerung von Orchideen in Schönbrunn, HHStA OMeA 1761 – 1907
247 Anonym [Österreichische Garten-Zeitung] 1915

248 Lieferschein vom 6.11.1887, HHStA OMeA 1129 – 1887
249 Umlauft 1905
250 Anonym [Wiener Abendpost] 1903
251 Skizzenbuch Bühnendekoration und Akten Pflanzen-Dekoration für die Bundestheater, Archiv ÖBG
252 HHStA OMeA 1001 – 1879. – Gröschel 2023
253 Lack 2006
254 Mauchart 1805
255 Jacquin 1809, S. 31, Taf. 36
256 Carl Diesner: Haupt-Verzeichniss der im k. k. Hofgarten zu Schönbrunn cultivirten Pflanzen, Ms. Schönbrunn 1892, S. 265
257 Malkowsky 1900, S. 98. – Wittmack 1900
258 Benjamin 1983, Exposés: Paris, die Hauptstadt des XIX. Jahrhunderts, Bd. 1, S. 50
259 Gröschel 2020
260 Weinzierl 1906
261 Marloth 1909
262 Matschkal 1, 1937
263 Zecher 2008
264 Antrag der Nationalräte Max Winter, Karl Volkert, Schiegl, Simon Abram und Genossen vom 18.12.1918, Archiv Österreichische Gartenbau-Gesellschaft (ÖGG)
265 Anton Umlauft: Die Staatsgärten Deutsch-Österreich, Manuskript 23.11.1918, Archiv ÖBG
266 Konzept für die Übernahme Schönbrunns durch die Österreichische Gartenbau-Gesellschaft, 1919, Archiv ÖGG
267 Protokoll der Besprechung der Fachstelle für Naturschutz des Österreichischen Heimatschutz-Verbandes vom 14.02.1919, Archiv ÖGG
268 Gesetz vom 3. April 1919 betreffend die Landesverweisung und die Übernahme des Vermögens des Hauses Habsburg-Lothringen, StGBL. Nr. 209/1919, II. Abschnitt § 5.
269 Staatsvertrag von Saint Germain-en-Laye vom 10.09.1919, StGBl. Nr. 330/1920, Artikel 196 b)
270 Protokoll der Besprechung der Fachstelle für Naturschutz des österreichischen Heimatschutz-Verbandes, 14.02.1919, Archiv ÖGG.
271 HHStA OMeA 2298 – 1921, 21/15, 5886
272 Verordnung Nr. 375 vom 16. August 1933, Inkrafttreten mit 1. Oktober 1933, in: Bundesgesetzblatt der Republik Österreich, 1933, S. 902
273 Karner 2020
274 HHStA OMeA 2261 – 1919, 34 A 18
275 Rottenberger 1934
276 Rottenberger 1925
277 Rottenberger 1927
278 Vortragsmanuskripte Friedrich Rottenbergers, Archiv ÖGG
279 Archiv der Republik, HBbBuT Schönbrunn 1 Rep, DISA GmbH
280 Anonym [Gartenzeitung] 1934, S. 117–118
281 Matschkal 11, 1937, S. 136
282 Gartenzeitung, 1, 1934
283 Anonym [Gartenzeitung] 1931
284 Gottfried Wilhelm Leibniz Bibliothek 2016
285 Ansuchen der Hofgarten-Gehilfen an das Obersthofmeisteramt um Subvention für die Fachbibliothek der Gartengehilfen vom 20.02.1903, Archiv ÖBG
286 Rathkolb 2017. – [ÖBL] 2016. – Porsch 1940
287 https://www.reichstag-abgeordnetendatenbank.de [abgerufen 23.10.2020]
288 Briefwechsel Wilhelm Ebert und Leopold Hennet, 1942, HHStA NL Leopold Hennet
289 Ernst Gall: Gutachten über die Wiener Staatsgärten, Ms., Berlin 21. Juli 1941, Archiv Stiftung Preußische Schlösser und Gärten Berlin-Brandenburg
290 Vorliegender Text ist eine gekürzte und überarbeitete Fassung von Rathkolb 2017
291 Auernheimer 1938, S. 175
292 ÖBL Cammerloher (online). – AdR, 02 fol. 1-23, Gauakt Nr. 10.317
293 AdR BML, Präs. Zl 30.885-6/38
294 AdR BML, Präs. Zl. 31.738-6/38
295 Neues Wiener Tagblatt 24.06.1938, Abendausgabe, S. 1
296 Kronfeld 1922
297 AdR BML, Präs. Zl. 38.825-6a/38
298 AdR BML, Präs. Zl. 53.680-6a/38
299 Duizend-Jensen 2004, S. 28
300 http://www.bildarchivaustria.at/Pages/ImageDetail.aspx?p_iBildID=354207 [aufgerufen am 9.3.2017]
301 AdR BML, Präs. Zl. 36.419-II/1-39
302 AdR 02 fol. 9, Gauakt Nr. 156.780
303 Jedlicka, Koppe, Six 1964, S. 8 u. 41. – Čalić 1982, 168. – Drimmel 1987, S. 175–177
304 Personalakten der Staatsgärten, AdR
305 https://www.bundesarchiv.de/zwangsarbeit/leistungen/direktleistungen/oesterreich/index.html
306 AdR BMF, 250.589 -32/59 sowie sein Gauakt im AdR, 02 Nr. 284.765
307 Weyr 1947
308 Präs. PA Matschkal, AdR BmfLuF
309 Franz Matschkal: Kakteen- und Insektivoren-Schau im Sonnenuhrhaus, 21.08. – 18.09.1948, Archiv ÖBG
310 Archiv Ernst Zecher, ÖBG
311 Convention on biological diversity, www.cbg.int
312 Kiehn, Löhne 2015

IV Ein Hort der Pflanzenvielfalt

313 Höllriegel 1925
314 Lack 2015, S. 318, 431. – Mabberley 2019, S. 242–243
315 Ibáñez 1992. – Lack 2015, S. 71. – Mabberley 2016
316 Cavanilles 1791–1801
317 Sieber 1824. – Dietrich 1881
318 Ducker 1990, S. 299. – Reichenbach 1825

319 Hügel 1994, S. 24, Anm. 4. – Ducker 1984, S. 94
320 Briefe von Carl von Hügel an William Macarthur, 16.01.1835 (Kanton), 18.09.1835 (Shimla), 14.08.1836 (Kap der Guten Hoffnung), 22.11.1837 (London) und an James Macarthur aus Brüssel, 03.07.1864; Macarthur Family Papers, Bd. 29 und 40, Mitchell Library; State Library of New South Wales
321 Peintner 1841
322 Haebich 2020
323 Preiss 1846–1847. – Smith 1953, S. 64–65. – Marchant, 1990, S. 131
324 Brief vom 1. Oktober 1817 des Secretary of State for War and the Colonies (Kriegs- und Kolonialministerium), Earl Bathurst an Governor Macquarie, HRA 1.9, S. 188; Depesche Nr. 12 vom 30. Mai 1818 von Macquarie an Earl Bathurst, HRA 1.9, S. 808–809. Nachdem die *Lady Castlereagh* im Oktober 1818 bei Madras einen irreparablen Schiffbruch erlitten hatte, schickte Macquarie eine zweite Sendung mit der HMS *Dromedary*. Siehe Macquaries Depesche Nr. 3 vom 7. Februar 1821 HRA 1.10.401-2
325 Macquaries Depesche an Earl Bathurst, Nr. 43 vom 15. Dezember 1817, die als Anlage die Liste der geschickten Samen enthält, HRA 1.9.729-31
326 Scherzer 1863. – Riedl-Dorn 2012
327 Blais 2022
328 Rechnungen des Gärtners Boos im Jahr 1788, HHStA OMeA SR 175
329 Kollmann 1824
330 Humboldt 1859–1860, Bd. 3, S. 281–282
331 Klemun 2016, S. 213, zitiert aus Jacquin 1763, Praefatio
332 Instruction für den k. k. Schönbrunner Gärtner Franz Boos, ÖNB SN 25866
333 Notes instructives pour accompagner les arbres, les graines, et autres objets livres à M. Boos pour sa majesté impériale, par M. de Céré, 1er Décembre 1787, ÖNB Ser n 3794
334 Tagebücher Schott, in: Schreibers 1820–22
335 Gillman, Wright 2020
336 Savoy 2021
337 Pirie et al. 2022

Literaturverzeichnis

Anonym [Allgemeine Teutsche Garten-Zeitung]: Der Pelargonien-Tempel einziger Art bei Herrn Jakob Klier in Wien, in: Allgemeine Teutsche Garten-Zeitung, 1832, S. 86–89

Anonym [Der Gartenfreund]: Rückblicke auf Klier's 50jährige Wirksamkeit und Erlebnisse im Fache der Blumistik (Schluß), in: Der Gartenfreund, 7, 1869, S. 51–54

Anonym [Gartenzeitung]: Gärtnerische Sonderschau in Schönbrunn, in: Gartenzeitung, 10, 1934, S. 117–118

Anonym [Gartenzeitung]: Gärtnertausch, in: Gartenzeitung, 11, 1931, S. 196

Anonym [Illustrirte Flora]: Die erste österreichische Reichs-Gartenbau-Ausstellung in Wien, in: Illustrirte Flora, 11, 1901, S. 161–166; 12, 1901, S. 178–181

Anonym [Kunst und Kunsthandwerk]: Die kaiserlichen Gärten auf der Pariser Weltausstellung, in: Kunst und Kunsthandwerk, 4, 1900, S. 184–185

Anonym [Neue Freie Presse]: Das neue Palmenhaus in Schönbrunn, in: Neue Freie Presse, 31.05.1884, S. 6

Anonym [Österreichische Garten-Zeitung]: Nachruf auf Anton Hefka, in: Österreichische Garten-Zeitung, 7, 1915, S. 97–98

Anonym [Wiener Abendpost]: Schönbrunns Pflanzenschätze, in: Wiener Abendpost, Nr. 184, 13. August 1903, Beilage, S. 5–6

Anonym [Wiener Illustrirte Garten-Zeitung]: Die Baron Hruby'sche Orchideensammlung in Schönbrunn, in: Wiener Illustrirte Garten-Zeitung, 1, 1901, S. 39

Abercrombie, Johann: Der Treibhausgärtner: über die Kultur der Ananasse, Weintrauben, Pfirsiche, Nektarinen, Melonen, frühen Erdbeeren und anderer erlesene Früchte und Obstarten, Wien 1792

Ames-Lewis, Francis: Early medicean devices, in: Journal of the Warburg and Courtauld Institutes, 42, 1979, S. 122–143

Antoine, Franz: Der Wintergarten in der kaiserlichen königlichen Hofburg zu Wien, Wien 1852

Antoine, Franz: Photographische Blätter aus dem Wintergarten des k. k. Hofburggartens Wien, Wien o. D. [um 1880]

Antoine, Franz: Phyto-Iconographie der Bromeliaceen des kaiserlich königlichen Hofburg-Gartens in Wien, Wien 1884

Auernheimer, Raoul: Wien – Bild und Schicksal, Wien 1938

Aurenhammer, Gertrude: Geschichte des Belvedere seit dem Tode des Prinzen Eugen, in: Mitteilungen der Österreichischen Galerie, 13, 1969, Nr. 57, S. 41–183

Ausst. Kat. Nürnberg – Die Frucht der Verheißung. Zitrusfrüchte in Kunst und Kultur. Germanisches Nationalmuseum, Nürnberg, 19. Mai – 11. September 2011, bearb. von Yasmin Doosry, Christine Lauterbach und Johannes Pommeranz, Nürnberg 2011

Bartholomew, Duane P.; Hawkins, Richard A.; Lopez, Johnny A.: Hawaii Pineapple. The rise and fall of an industry, in: HortScience, 10, 2012, S. 1390–1398

Batsaki, Yota; Cahalan, Sarah Burke; Tchikine, Anatole [Hrsg.]: The botany of empire in the long eighteenth century, Washington 2016

Baumgartner, Thomas: Verschwundene und bestehende Gewächshäuser in Schönbrunn, in: ÖZKD, 3–4, 2003, S. 465–497

Baumgartner, Thomas; Martz, Jochen: Auf der Suche nach dem künstlichen Paradies – zur historischen Entwicklung des Gewächshausbaues und der Firma Ig. Gridl als »Specialist für den Bau eiserner Gewächshäuser«, in: Alfred Fogarassy [Hrsg.]: Ignaz Gridl Eisenkonstruktionen – Ingenieurbaukunst und Innovation im späten 19. Jahrhundert, Wien 2011, S. 121–133

Beck, Rainer: Lemonihändler. Welsche Händler und die Ausbreitung der Zitrusfrüchte im frühneuzeitlichen Deutschland, in: Josef Ehmer: Märkte im vorindustriellen Europa, Jahrbuch für Wirtschaftsgeschichte, 2, 2004, S. 97–123

Beer, Joseph Georg: Praktische Studien an der Familie der Orchideen, Wien 1854

Benjamin, Walter: Das Passagen-Werk, hrsg. von Rolf Tiedemann, 2 Bde., Frankfurt 1983

Berger, Eva: »Die großen Wiener Parkanlagen – judenfrei«: zum Parkbetretungsverbot für die jüdische Bevölkerung Wiens nach dem sogenannten Anschluss Österreichs im Jahre 1938, in: historische gärten, 1, 2019, S. 11–17

Berger, Eva: »Die Erlaubniß [...] den Garten [...] täglich zu besuchen und darinnen zu spatzieren, gehöret mit zu der Wienerischen Ergötzlichkeit«, in: historische gärten, 2, 2019, S. 4–8

Berger, Eva: Franz Boos und Franz Bredemeyer im Bild: zwei bisher nicht bekannte Porträts der Schönbrunner Hofgärtner, in: historische gärten, 2, 2020, S. 11–13

Berkhout, Lenneke: Hoveniers en Tuinbazen: een Culturgeschiedenis van het tuinieren door de eeuwen heen, Amsterdam 2023

Bibl, Viktor: Die Kulturblüte Wiens und seiner Umgebung unter Kaiser Maximilian II., in: Monatsblatt des Vereins für Landeskunde von Niederösterreich, 9, 1918, S. 53–92

Blais, Hélène: Botanical gardens in colonial empires, in: Encyclopédie d'histoire numérique de l'Europe [online], [veröffentlicht 17.01.2022, abgerufen 15.12.2023, Permalink: https://ehne.fr/en/node/21589]

Boerhaave, Hermann: Index plantarum quae in horto Lugduno-Batavo reperiuntur, Leiden 1710

Bokovinská, Beket: Die Kunstkammer Rudolfs II. – Entstehung, Niedergang und Wiederentdeckung, in: Sabine Haag et al. [Hrsg.]: Das Haus Habsburg und die Welt der fürstlichen Kunstkammern im 16. und 17. Jahrhundert, Wien 2015, S. 229–254

Boos, Joseph: Schönbrunns Flora oder systematisch geordnetes Verzeichniss der im kais. königl. Holländisch-Botanischen Hofgarten zu Schönbrunn cultivierten Gewächse, Wien 1816

Bredemayer, Franz; Knapp, Johann: Icones plantarum rariorum horti Archiducis Austriae Antonii, 3 Bde., Wien o. D. [um 1830]

Bruhns, Karl: Alexander von Humboldt eine wissenschaftliche Biographie, 3 Bde., Leipzig 1872

Brunner, Sebastian [Hrsg.]: Correspondances Intimes De L'empereur Joseph II Avec Son Ami Le Comte De Cobenzl Et Son Premier Ministre Le Prince De Kaunitz, Mainz 1871

Burmann, Johannes: Rariorum africanarum plantarum, Amsterdam 1738–1739

Čalić, Eduard: Richard Heydrich – Schlüsselfigur des Dritten Reiches, Hamburg 1982

Cavanilles, Antonio José: Icones et Descriptiones Plantarum quae aut sponte in Hispania crescunt aut in hortis hospitantur, 6 Bde., Madrid 1791–1801

Chambers, Ephraim: Cyclopaedia or universal dictionary of the arts and sciences, London 1728

Chamisso, Adelbert von: Übersicht über die nutzbarsten und schädlichsten Gewächse, die wild oder angebaut in Norddeutschland vorkommen, Berlin 1827

Clusius, Carolus: Caroli Clusii atrebatis rariorum aliquot stirpium per Pannoniam Austriam, et vicina quasdam provincias observatarum historia, Antwerpen 1583

Cuby, Janet; Wesley, Wendy: RHS Plant Trials and Awards, Bulletin 16, 2006

Cuveland, Helga de: Natur im Aquarell: Meisterwerke der Wiener Hofmaler Johann und Joseph Knapp, München 2006

Deimel, Gerhard; Vogl, Kurt: Palast der Blüten: das Schönbrunner Palmenhaus, Wien 2002

Diderot, Denis; Le Rond d'Alembert, Jean Baptiste: Encyclopédie ou Dictionnaire raisonné des sciences, des arts et des métiers, Paris 1751–1772

Dietrich, Friedrich Christoph: Franz Wilhelm Sieber, ein Beitrag zur Geschichte der Botanik vor sechzig Jahren, in: Jahrbuch des koeniglichen Gartens der Botanik des Museums zu Berlin, 1, 1881, S. 278–306

Dilsaver, Lary M.: America's national park system: the critical documents, Boston 1994

Dobalová Sylva; Hausenblasová, Jaroslava: Die Zitruskultur am Hofe Ferdinands I. und Anna Jagiellos: Import und Anbau von Südfrüchten in Prag 1526–1564, in: Studia Rudolphina, 15, 2015, S. 9–38

Dobalová, Sylva: Die Zitruskultur am Prager Hof unter Ferdinand I., Maximilian II. und Rudolf II., in: Arbeitskreis Orangerien in Deutschland e. V. [Hrsg.]: Orangeriekultur in Österreich, Ungarn und Tschechien, Berlin 2014, S. 113–126

Drimmel, Heinrich: Vom Kanzlermord zum Anschluß: Österreich 1934–1938, Wien 1987

Ducker, Sophie C.: An Austrian Gentleman Gardener in the Swan River colony, in: Australian Garden Journal, 3, 1984, S. 94–96

Ducker, Sophie C.: Early Austrian influence on Australian Botany, in: Short, Philipp S. (Hrsg.): History of Systematic Botany in Australasia, Proceedings of a Symposium held at the University of Melbourne 25–27 May 1988, Melbourne 1990, S. 297–304

Duhamel du Monceau, Henri Louis: Avis pour le transport par mer des arbres, des plantes vivaces, des semences, des animaux et de différens autres morceaux d'histoire naturelle, Paris 1752

Duhamel du Monceau, Henri Louis; Poiteau, Antoine; Turpin, Pierre Jean François.: Traité des Arbres Fruitiers, überarb. Aufl., 6 Bde., Paris 1835

Duizend-Jensen, Shoshana: Jüdische Gemeinden, Vereine, Stiftungen und Fonds. »Arisierung« und Restitution. Vereine, Stiftungen und Fonds im Nationalsozialismus 2, Wien 2004

Egmond, Florike: The world of Carolus Clusius: natural history in the making 1550–1620, London 2010

Endlicher, Stephan Ladislaus; Hartinger, Anton; Seemann, Berthold: Endlicher's Paradisus Vindobonensis, 2 Bde., Wien 1844–1860

Fogarassy, Alfred [Hrsg.]: Ignaz Gridl Eisenkonstruktionen: Ingenieurbaukunst und Innovation im späten 19. Jahrhundert, Wien 2011

Gillman, Len Norman; Wright, Shane Donald: Restoring indigenous names in taxonomy, in: Communications Biology, 2020 [doi.org/10.1038/s42003-020-01344-y]

Gottfried Wilhelm Leibniz Bibliothek [Hrsg.]: Königliche Gartenbibliothek Herrenhausen: eine kostbare Sammlung, ihre Geschichte und ihre Objekte, Hannover 2016

Gröschel, Claudia: »Ausländische Thiere und frembde Gewächse« – Menagerie und Orangerie des Prinzen Eugen von Savoyen in seinem Sommerpalais am Rennweg in Wien, in: Die Gartenkunst, 2, 2008, S. 335–354

Gröschel, Claudia: »Blumen, Pflanzen, Obst und Gemüse« – Pflanzenausstellungen der k. k. Gartenbau-Gesellschaft in Wien, in: Die Gartenkunst, 1, 2021, S. 149–158

Gröschel, Claudia: »Die Emporbringung der k. k. Orangerie zu Schönbrunn«. Misslungene und geglückte Rettungsversuche der Schönbrunner Orangerie im 19. Jahrhundert, in: Orangeriekultur in Sachsen, die Tradition der Pflanzenkultivierung, Schriftenreihe des Arbeitskreises Orangerien, Bd. 12, Berlin 2015, S. 152–172

Gröschel, Claudia: Beheizbare Transportwagen für die k. k. Hofgärten in Wien im 19. Jahrhundert, in: Zitrusblätter 26, 2023, S. 20–21

Gröschel, Claudia: Die k. k. Hofgärten auf der Pariser Weltausstellung 1900, in: Die Gartenkunst, 2, 2020, S. 287–298

Haebich, A.: Johan Preiss: The forgotten botanist who brought 200,000 Australian plants to Europe, in: Independent, 6. August 2020

Hajós, Beatrix: Die gartengestalterische Entwicklung des Holländische Botanischen Gartens in Schönbrunn, in: ÖZKD, 3–4, 2003, S. 436–464

Hajós, Beatrix: Die Schönbrunner Schlossgärten, Wien 1995

Hajós, Beatrix: Schönbrunner Statuen 1773 bis 1780. Ein neues Rom, Wien 2004

Hajós, Géza: Jean F. Trehet und Johann Georg Hätzl. Französische Parterrekunst in den Barock-Gärten der Habsburg-Monarchie, in: ÖZKD, 1–2, 2013, S. 131–155

Hassmann, Elisabeth: Die k. k. Sammlungen unter Maria Theresia und Joseph II. mit einem Ausblick auf die Zeit um 1800, in: Kunsthistorisches Museum Wien [Hrsg.]: Quellen und Regesten zur Schatzkammer, Gemäldegalerie und zu den drei Kabinetten aus dem Archivbestand des k. k. Oberstkämmereramtes, JB des KHM Wien, Bd. 15/16, Wien 2013/14, S. 15–45.

Hassmann, Elisabeth: Von Katterburg zu Schönbrunn. Die Geschichte Schönbrunns bis Kaiser Leopold I., Wien 2004

Hefka, Anton: Cattleyen und Laelien, Wien 1914

Hefka, Anton: Über Neuzüchtungen in den k. k. Hofgärten, in: Gartenzeitung, 1, 1913, S. 2

Heilmeyer, Marina: Die Geschichte des Mythos von den Goldenen Äpfeln, in: Wo die Zitronen blühen: Orangerien – Historische Arbeitsgeräte, Kunst und Kunsthandwerk, Orangerie im Neuen Garten, Potsdam, 8. Juli – 9. September 2001, hrsg. Stiftung Preußische Schlösser und Gärten, Arbeitskreis Orangerien, Potsdam 2001, S. 16–27

Höllriegel, Arnold: Reise in die Wiener Tropen, in: Berliner Tageblatt, Nr. 192, 25.04.1925, 1. Beiblatt

Holl, Frank: Alexander von Humboldt und der Klimawandel : Mythen und Fakten, in: Ette, Ottmar; Knobloch, Eberhard [Hrsg.]. HiN : Alexander von Humboldt im Netz, 37, 2018, S. 37–56.

Holzschuh, Gottfried: Das Neugebäude und seine italienischen Voraussetzungen, in: Fürstenhöfe der Renaissance: Giulio Romano und die klassische Tradition, hrsg. vom Kunsthistorischen Museum und Albertina, Wien 1989

Hönes, Ernst-Rainer: Über den Schutz von Naturdenkmälern – rund 100 Jahre Naturdenkmalpflege, in: Die Gartenkunst, 2, 2004, S. 193–242

Houttuyn, Maarten: Natuurlijke Historie, Amsterdam 1773–1785

Hügel, Carl von: New Holland Journal November 1833 – October 1834, Melbourne 1994

Hügel, Carl von: Stand der Hortikultur in Wien. Vortrag des Präsidenten in der ersten Jahres-Versammlung, 5. Mai 1839, in: Verhandlungen der kaiserlichen königlichen Gartenbaugesellschaft in Wien im Jahre 1839, Wien 1839, S. 29–41

Humboldt, Alexander von: Alexander von Humboldt's Reise in die Aequinoctial-Gegenden des neuen Continents, 4 Bde., Stuttgart 1859–1860

Ibáñez Montoya, María Victoria [Hrsg.]: Trabajos Cientificos y Correspondencia de Tadeo Haenke, Barcelona 1992

Iby, Elfriede; Mader-Kratky, Anna [Hrsg.]: Schönbrunn: die kaiserliche Sommerresidenz, Wien 2023

Jacquin, Joseph Franz von: Ueber den Ginkgo, Sonderdruck aus den Jahrbüchern der Medicin für den Oesterreichischen Kaiserstaat, Wien 1819

Jacquin, Nicolaus Joseph von: Fragmenta botanica, figuris illustratis colorata, ab anno 1800 ad annum 1809 per sex fasciculos edita, Wien 1809

Jacquin, Nicolaus Joseph von: Icones plantarum rariorum, 3 Bde., Wien 1781–1795

Jacquin, Nicolaus Joseph von: Plantarum Rariorum Horti Schoenbrunnesis descriptiones et icones, 4 Bde., Wien 1797–1804

Janchen, Erwin: Richard Wettstein, sein Leben und Wirken, Wien 1933

Jangoux, Michel [Hrsg.]: Portés par l'air du temps: les voyages du capitaine Baudin, in: Études sur le XVIIIe siècle, vol. XXXVIII, Brüssel 2010

Jedlicka, Ludwig F.; Koppe, Wilhelm; Six, Franz Alfred: Die Erhebung der österreichischen Nationalsozialisten im Juli 1934, Wien, Frankfurt, Zürich 1964

Johnson, Lisa: Pieter de la Court van der Voort and innovations in pineapple cultivation in early eighteenth-century gardens, in: Garden History, 2019, S. 23–41

Jühlke, Ferdinand: Mitteilungen über einige Gärten des Oesterreichischen Kaiserstaates, Hamburg 1861

k. k. Gartenbau-Gesellschaft [Hrsg.]: Darstellung des Entstehens und Wirkens der Kais. Kön. Gartenbau-Gesellschaft in Wien, redigiert von der Direktion, Wien 1864

k. k. Gartenbau-Gesellschaft [Hrsg.]: Verzeichnis der Blumen und Pflanzen, welche im Jahr 1833 ausgestellt waren, Wien 1833

Kann, Peter; Riedl-Dorn, Christa: »[…] und den Resultaten der Betriebsamkeit.« Die österreichische Brasilien-Expedition 1817–1836, in: Die Entdeckung der Welt. Die Welt der Entdeckungen. Österreichische Forscher, Sammler, Abenteurer, hrsg. von Wilfried Seipel, Wien 2001, S. 217–228

Karner, Erika: Friedrich Leo von Rottenberger, ein Leben für die Gärten von Schönbrunn, in: Die Gartenkunst, 2, 2020, S. 311–320

Kiehn, Michael; Löhne, Cornelia: The International Plant Exchange Network (IPEN) and the Nagoya Protocol, in: 7th European Botanic Gardens Congress, Paris 2015, S. 59–64

Kleiner, Salomon: Wunder würdiges Kriegs- und Siegs-Lager deß unvergleichlichen Heldens unserer Zeiten. oder Eigentliche Vor und Abbildungen der Hoff- Lust- und Garten Gebäude deß Durchlauchtigsten Fürstens und Herrn Eugenii Francisci Hertzogen zu Savoyen und Piemont, Augsburg 1731–1740

Klemun, Marianne: Der Holländische Garten in Schönbrunn: inszenierte Natur und Botanik im herrschaftlichen Selbstverständnis des Kaiserhauses, in: ÖZKD, 3–4, 2003, S. 426–435

Klemun, Marianne: The Royal Natural History Collection in Vienna (18th century): from possessing minerals as treasure towards territorial ambitions as consciousness, in: Scripta Geologica, special issue 4, 2004, S. 193–199

Klemun, Marianne: Wissenschaft und Kolonialismus: Verschränkungen und Konfigurationen, in: Marianne Klemun [Hrsg.]: Wissenschaft und Kolonialismus, Wiener Zeitschrift zur Geschichte der Neuzeit, 2, 2009, S. 3–12

Klemun, Marianne; Hühnel, Helga: Nikolaus Joseph Jacquin (1727–1817) – ein Naturforscher erfindet sich, Wien 2017

Knorr, Georg Wolfgang: Regnum florae. Das Reich der Blumen mit all seinen Schönheiten nach der Natur und ihren Farben vorgestellt, Nürnberg 1750

Kohlmaier, Georg; Sartory, Barna von: Das Glashaus, ein Bautypus des 19. Jahrhunderts, 2. Aufl., München 1988

Kollmann, Ignaz: Nachricht von dem Schicksale der Botokuden in Wien, in: Der Aufmerksame, 14.02.1824, S. 1–3

Krist, Gabriela [Hrsg.]: Das Große Palmenhaus im Schlosspark Schönbrunn – konservatorische Bestandsaufnahme 2008/09, Universität für Angewandte Kunst, Institut für Konservierung und Restaurierung, Ms. Wien 2009

Kronfeld, Ernst Moriz: Briefe Alexander von Humboldts an Josef van der Schot und Josef von Jacquin (1797–98), in: Beilage zur Allgemeinen Zeitung, 209, 1891, S. 2–7

Kronfeld, Ernst Moriz: Der Schönbrunner botanische Garten im Jahre 1799, Leipzig 1911

Kronfeld, Ernst Moriz: Park und Garten von Schönbrunn, Zürich, Leipzig, Wien 1922

Küchelbecker, Johann Basilius: Nachricht vom kaiserlichen Hof nebst historischer Beschreibung von Wien, Hannover 1730

Laborde, Alexandre de: Voyage pittoresque en Autriche, 3 Bde., Paris 1821

Lack, H. Walter: Abbildungen von außereuropäischen Pflanzen aus den kaiserlichen Gärten in Wien, in: Die Gartenkunst, 1, 2021, S. 181–194

Lack, H. Walter: Alexander von Humboldt und die botanische Erforschung Amerikas, München, London, New York 2018

Lack, H. Walter: Ein Garten für die Ewigkeit: der Codex Liechtenstein, 2. Aufl., Bern 2003

Lack, H. Walter: Eine unbekannte Wiener Bilderhandschrift: die »Phytanthologia Eikonike« des Johann Jakob Well, in: Ann. Naturhist. Mus. Wien 101B, 1999, S. 531–564

Lack, H. Walter: Florilegium Imperiale. Botanische Schätze für Kaiser Franz I. von Österreich, München 2006

Lack, H. Walter: The Bauers: Joseph, Franz & Ferdinand. Masters of botanical illustration, London 2015

Lebl, Matthias: Die Ananaszucht: praktische Anleitung für Gärtner und Liebhaber, Berlin 1893

Leitner, Quirin von: Monographie des kaiserlichen Lustschlosses Schönbrunn, Wien 1875

Lhotsky, Alphons: Festschrift des Kunsthistorischen Museums zur Feier des fünfzigjährigen Bestandes, T. 2: Die Geschichte der Sammlungen, Hälfte 1, Wien 1941–1945

Lindley, John: Collectanea botanica or figures and botanical illustrations of rare and curious exotic plants, London 1821

Linné, Carl von: Species Plantarum, Stockholm 1753

Lorenz, Hellmut; Mader-Kratky, Anna [Hrsg.]: Die Wiener Hofburg 1705–1835: die kaiserliche Residenz vom Barock bis zum Klassizismus, Wien 2016

Lyons, John Charles: Praktische Anwendung zur Cultur der tropischen Orchideen, Stuttgart 1851

Maatsch, Richard: Orchideen im Erwerbsgartenbau – Historischer Rückblick, in: Rudolf Schlechter: Die Orchideen, 2 Bde., 3. Aufl. Berlin, Hamburg 1985

Mabberley, David: Botanical Revelation. European encounters with Australian plants before Darwin, Sydney 2019

Mabberley, David: Thaddaus Haenke or Dreaming in Colour, in: Matador 23.02.2016

Madriñán, Santiago: Nikolaus Joseph Jacquin's American Plants: botanical expedition to the Caribbean (1754–1759) and the publication of the Selectarum Stirpium Americanarum Historia, Leiden, Boston 2013

Maegd, Chris de: Was wächst und gedeiht, was spielt und balgt befreit, in Gärten aus Rubens' Zeit, in: Gärten und Höfe der Rubenszeit im Spiegel der Malerfamilie Brueghel und der Künstler um Peter Paul Rubens, Gustav-Lübcke-Museum, Hamm, 15. Oktober 2000 – 14. Januar 2001; Landesmuseum Mainz, 4. März – 24. Juni 2001, hrsg. von Ursula Härting, München 2000, S. 67–82

Major, Johann Daniel: Unvorgreifliches Bedencken von Kunst- und Naturalien-Kammern, Kiel 1674

Malkowsky, Georg: Die Pariser Weltausstellung in Wort und Bild, Berlin 1900

Marchant, N. G.: The Western Australian Collecting Localities of J. A. L. Preiss, in:

Philipp S. Short [Hrsg.]: History of Systematic Botany in Australasia, Proceedings of a Symposium held at the University of Melbourne 25–27 May 1988, Melbourne 1990, S. 131–136

Marić, Mara: Erzherzog Maximilians Traum von einem Garten auf der Insel Lokrum bei Dubrovnik. Arbeiten im Garten zu Zeiten des Gärtners Josef Laube, in: Die Gartenkunst 2, 2002, S. 267–276.

Marić, Mara: Island of Lemons in bloom: gardens of the Archduke Maximilian of Habsburg on the Island of Lokrum, Dubrovnik 2024

Marloth, Rudolf: Fockea capensis, in: Royal Botanic Gardens, Kew [Hrsg.]: Bulletin of Miscellaneous Informations, London 1909, S. 349–350

Martz, Jochen: Die Gärten an der Wiener Hofburg im 16. und 17. Jahrhundert und die Entwicklung der Zitruskultur, in: Studia Rudolphina, 10, 2010, S. 68–88

Martz, Jochen: Ein »Wunder der Horticultur« – das 1818–1820 errichtete, ehmalige Remy'sche Glashaus an der Wiener Hofburg, in: Arbeitskreis Orangerien in Deutschland [Hrsg.]: Goldorangen, Lorbeer und Palmen – Orangeriekultur vom 16. bis 19. Jahrhundert, Festschrift für Heinrich Hamann, Petersberg 2010, S. 196–213

Martz, Jochen: Frühe Zitruskultur an der Wiener Hofburg, in: Arbeitskreis Orangerien in Deutschland e. V. [Hrsg.]: Orangeriekultur in Österreich, Ungarn und Tschechien, Berlin 2014, S. 9–24

Matschkal, Franz: Eine alte Fockea capensis im botanischen Garten zu Göttingen?, in: Gartenzeitung, 1, 1937, S. 1–2

Matschkal, Franz: Schönbrunn mit seinen weltberühmten Kulturen, in: Gartenzeitung, 11, 1937, S. 136

Mattioli, Pietro Andrea: New Kreüterbuch, Prag 1563

Mauchart, B. D.: Schönbrunns botanischer Reichtum, Wien 1805

Mauthe, Gabriele: Die Österreichische Brasilienexpedition 1817–1836, in: Jörg Helbig [Hrsg.]: Brasilianische Reise 1817–1820 Carl Friedrich Philipp Martius zum 200. Geburtstag, München 1994, S. 13–27

Mauthe, Gabriele: Die österreichische Brasilienexpedition, in: Die Neue Welt – Österreich und die Erforschung Amerikas, 15.Mai – 26. Oktober 1992, Österreichische Nationalbibliothek, Wien 1992

Nettlau, H.: Ein Besuch im Schönbrunner Glaspalast, in: Wiener Illustrirte Garten-Zeitung, 4, 1884, S. 153–157

Neumann, Louis: Glashäuser aller Art. Grundsätze und Erfahrungen über die Anlegung, Erhaltung und Pflege von Glashäusern aller Art, 2. Aufl., Weimar 1852

ÖBL: Hermann Josef Cammerloher, in: Österreichisches Biographisches Lexikon, 2. überarb. Aufl., online-Edition, 2016. [abgerufen 11.09.2020]

Oehler, Joseph: Beschreibung des Kaiserlichen Lustschlosses Schönbrunn und des dabey befindlichen Gartens, 4 Bde., Wien 1805–1806

Peintner, Max: Die Pflanzen-Sammlung und der Garten des Reichsfreiherrn Karl v. Hügel zu Hietzing in Wien, in Allgemeine Gartenzeitung, 34, 1841, S. 265–270

Petz-Grabenbauer, Maria: Der »Hortus Botanicus Vindobonensis« unter der Leitung von Joseph Franz von Jacquin, Stephan Endlicher und Eduard Fenzl, Wien 1997

Petz-Grabenbauer, Maria: Die Beziehung Ogier Ghiselin de Busbecqs (Bousbecque) [Augerius Gislenius Busbequius] zu Carolus Clusius [Charles de l'É(s)cluse] und deren Einfluss auf erste botanische Gärten in Wien, in: Ingrid Kästner et al. [Hrsg.]: Erkunden, Sammeln, Notieren und Vermitteln – Wissenschaft im Gepäck von Handelsleuten, Diplomaten und Missionaren, Aachen 2014

Peyritsch, Johann: Aroideae Maximilianae: die auf der Reise seiner Majestät des Kaisers Maximilian I. nach Brasilien gesammelten Aronstabgewächse nach handschriftlichen Aufzeichnungen von H. Schott, Wien 1879

Pezzl, Johann: Johann Pezzls Beschreibung von Wien, 7. Aufl., Wien 1862

Pirie, Michael D. et al.: Preventing species extinctions: a global conservation consortium for Erica, in: Plants People Planet, 2022, S. 1–10

Pontano, Giovanni: De hortis Hesperidum libri II, Venedig 1505

Porsch, Otto: Hermann Cammerloher, in: Berichte der Botanischen Gesellschaft, LVIII, 1940, S. 18–26

Prehsler, Herbert: Gewächshäuser insbesondere jene des 19. Jahrhunderts und die Problematik ihrer Erhaltung: unter besonderer Berücksichtigung des Palmenhauses Schönbrunn, Diss. TU Wien 1987

Preiss, Ludwig: Plantae Preissianae Sive Enumeratio Plantarum Quas In Australasia Occidentali Et Meridionali-Occidentali Annis 1838–1841, 2 Bde., Hamburg 1846–1847

Puppe, Roland: Zur Geschichte der Orangerie-Garten-Kultur am Sächsischen Hof, in: Arbeitskreises Orangerien [Hrsg.]: Orangerien – Von fürstlichem Vermögen und gärtnerischer Kunst, Dresden 2002, S. 6–28

Raschauer, Oskar: Schönbrunn – eine denkmalkundliche Darstellung seiner Baugeschichte, Wien 1960

Rathkolb, Oliver: Die Bundesgärten in den politischen Umbrüchen des 20. Jahrhunderts, in: historische gärten, 1, 2017, S. 40–45

Reichenbach, Heinrich Gottlieb Ludwig: Sieberi flora Novae Hollandiae excissata, in: Flora oder Botanische Zeitung, 8, 1825, S. 260–267

Riedl-Dorn, Christa: Botanist or plant collector? The role of botany at the world circumnavigation of the frigate »Novara« (1857–1859), in: Verhandlungen der Zoologisch-Botanischen Gesellschaft in Österreich, Bd. 148/149, Wien 2012

Riedl-Dorn, Christa: Die Schönbrunner Gartenexpeditionen 1754–1860, in: ÖZKD, Heft 3/4, 2003, S. 508–520

Rottenberger, Friedrich: Entwicklung der österreichischen Bundesgärten in der Kriegs- und Nachkriegszeit, in: Die Gartenkunst, 38, 1925, S. 150–153

Rottenberger, Friedrich: Schönbrunn will erhalten werden!, in: Gartenzeitung, 1, 1934, S. 11–13

Rottenberger, Fritz: Die Schönbrunner Pflanzensammlungen, in: Festschrift der Österreichischen Gartenbau-Gesellschaft 1827–1927, hrsg. von Gustav Klein und Fritz Kratochwjle, Wien 1927, S. 97–111

Rudolf, Karl: Arcimboldo im kulinarischen Wissensraum. Die Kunstkammer Kaiser Ferdinands I. (1503–1564), in: Sabine Haag, Franz Kirchweger, Paulus Rainer [Hrsg.]: Das Haus Habsburg und die Welt der fürstlichen Kunstkammern im 16. und 17. Jahrhundert, Schriften des Kunsthistorischen Museums Bd. 15, Wien 2015

Ruskin, John: Die Königin der Lüfte. Studien über die griechische Sturm- und Wolkensage, Straßburg [1901]

Savoy, Bénédicte: Afrikas Kampf um seine Kunst. Geschichte einer postkolonialen Niederlage, München 2021

Scherzer, Karl von: Narrative of the circumnavigation of the globe by the Austrian frigate Novara (commodore B. von Wullerstorf-Urbair), undertaken by the Imperial Government in the years 1857, 1858 and 1859, London 1863

Schmidl, Adolph: Wien und seine nächsten Umgebungen, mit besonderer Berücksichtigung wissenschaftlicher Anstalten und Sammlungen, 7. Aufl, Wien 1858

Schmidl, Adolph: Wiens Umgebungen auf 20 Stunden im Umkreise nach eigenen Wanderungen geschildert, 3 Bde., Wien 1839

Schmutzer, Kurt: Der Liebe zur Naturgeschichte halber. Johann Natterers Reise in Brasilien 1817–1836, Wien 2011

Schott, Heinrich Wilhelm: Neue brasilianische Pflanzen. Gesammelt und nach der Natur beschrieben von Heinrich Schott, k. k. Gärtner in Brasilien, in: Medicinische Jahrbücher des kaiserl.-königl. österreichischen Staates, Wien 1821, S. 59–67

Schuckelt, Holger: Der Weg der Tulpe nach Europa, in: André van der Gos [Hrsg.]: Tulpomanie. Die Tulpe in der Kunst des 16. und 17. Jahrhunderts, Staatliche Kunstsammlungen Dresden, Zwolle 2004, S. 15–28

Schütz, Karl: Giuseppe Arcimboldo als der Rom: Kay: Mt: conterfeter, in: Sylvia Ferino-Pagden [Hrsg.]: Arcimboldo 1526–1593, Wien 2008, S. 81–84

Seeger, Ulrike: Stadtpalais und Belvedere des Prinzen Eugen, Wien 2004

Segelken, Barbara: Sammlungsgeschichte zwischen Leibniz und Humboldt – die königlichen Sammlungen im Kontext der akademischen Institutionen, in: Horst Bredekamp, Jochen Brüning, Cornelia Weber [Hrsg.]: Theatrum naturae et artis – Theater der Natur und Kunst, Humboldt-Universität Berlin, 2 Bde, Berlin 2000, Essayband, S. 44–52

Seiler, Michael; Hlavac, Christian: Gustav Adolph Fintelmanns »Bemerkungen über die Gärten um Wien« aus dem Jahre 1825. in: Die Gartenkunst, 1, 2016, S. 137–166

Sieber, Franz Wilhelm: Auszug aus einem Schreiben des Herrn F. W. Sieber an dessen Freunde in Prag, in: Flora oder Botanische Zeitung, 7, 1824, S. 250–253

Skamperls, Dora; Baumgartner, Thomas: Die Orangerie des Gartenpalais Harrach in der Wiener Ungargasse und die Zitruskultur in den Gärten der Familie Harrach, in: Arbeitskreis Orangerien [Hrsg.]: Orangeriekultur in Österreich, Ungarn und Tschechien, Berlin 2014, S. 25–45

Smith, G. G.: Pioneer Botanists of Western Australia, in: Proceedings and Journal of the Western Australian Historical Society 5, 1953, S. 59–73

Sweet, Robert: Geraniaceae: the natural order of Gerania, 5 Bde., London 1820–1830

Tagebücher des k. k. Gärtners, Hrn. H. Schott, in Brasilien, in: Schreibers, Karl von: Nachrichten von den kaiserlich österreichischen Naturforschern in Brasilien und den Resultaten ihrer Betriebsamkeit, Brünn 1820–1822

Telesko, Werner [Hrsg.]: Die Wiener Hofburg 1835–1918: der Ausbau der Residenz vom Vormärz bis zum Ende des »Kaiserforums«, Wien 2012

Trattinnick, Leopold: Neue Arten von Pelargonien deutschen Ursprungs als Beytrag zu Rob. Sweets Geraniaceen, 6 Bde., Wien 1825–1843

Umlauft, Anton: Schönbrunner Briefe. Blumendekorationen beim Allerhöchsten Hofe, in: Zeitschrift für Gärtner und Gartenfreunde, 12, 1905, S. 128–129

Vocke, Gabriele: Prächtige Blumen und Pflanzen in Hydrokultur, Bergneustadt 1989

Volkamer, Johann Christoph: Continuation der Nürnbergischen Hesperidum, Nürnberg 1714

Volkamer, Johann Christoph: Nürnbergische Hesperides, Nürnberg 1708

Wagner, Robert: Brasilianische Reisen: Die Hochzeitsreise der Erzherzogin Leopoldine, Forscher, Künstler, Diplomaten, Weitra 2022

Walt, James J. A. van der: Pelargoniums of South Africa, 3 Bde., Kapstadt 1979–1988

Wawra, Heinrich: Botanische Ergebnisse der Reise seiner Majestät des Kaisers von Mexico Maximilian I. nach Brasilien (1859–60), Wien 1866

Weinzierl, Thomas von: Bericht über die anlässlich des botanischen Kongresses gemeinsam mit der Association internationale des Botanistes veranstaltete internationale botanische Ausstellung (11. – 25.06.1905), in: Verhandlungen des internationalen botanischen Kongresses in Wien 1905, hrsg. von Richard von Wettstein und Johannes Wiesner, Jena 1906, S. 77

Welzbacher, Christian [Hrsg.]: Terra Brasilis: die Entdeckung einer neuen Welt, Berlin 2013

Welzel, Barbara: Gärten als höfische Sammlungen. Pracht-Repräsentation-Wissenschaft-Kunst, in: Die Gartenkunst, 1, 2002, S. 35–41

Weyr, Siegfried: Märchenland unserer Kindheit – was von den einstigen Wiener Hofgärten heute noch geblieben ist, Kurier, 22.11.1947, S. 6

Wied, Alexander: IV.3 Giuseppe Arcimboldo Der Sommer, in: Sylvia Ferino-Pagden [Hrsg.]: Arcimboldo 1526–1593, Katalogteil Arcimboldos Kompositköpfe – Ursprünge und Ideen, Wien 2008, S. 127

Wied-Neuwied, Maximilian Prinz zu: Reise nach Brasilien in den Jahren 1815–1817, hrsg. von Christian Döring, Berlin 2015

Wimmer, Clemens Alexander: Barocke Pelargonien, in: Gartenpraxis, 1, 2001, S. 50–55

Wimmer, Clemens Alexander [Hrsg.]: Ein Gärtner auf Grand Tour: Emil Sellos Tagebuch seiner Europareise 1838–1840, Ilmtal-Weinstraße 2020

Wittmack, Ludewig: Die österreichische Abteilung in Paris, in: Gartenflora, 1900, S. 344–345

Zecher, Ernst: Die Alte Dame von Schönbrunn, Ms. Wien 2008

Zedinger, Renate: »Kaiserliche Wunschliste«: Die Instruktion für Nikolaus Joseph von Jacquin, in: Renate Zedinger, Wolfgang Schmale [Hrsg.]: Franz I. Stephan von Lothringen und sein Kreis. JB der Österreichischen Gesellschaft zur Erforschung des achtzehnten Jahrhunderts, Bd. 23, Bochum 2009, S. 293–297

Zedler, Johann Heinrich: Großes vollständiges Universal-Lexikon aller Wissenschaften und Künste, Halle 1732–1754

Zischler, Hanns; Hackethal, Sabine; Eckert, Carsten [Hrsg.]: Die Erkundung Brasiliens: Friedrich Sellows unvollendete Reise, Berlin 2013

Register

A

B

C

D

E

F

G

H

I

J

K

L

M

T

U

V

W

X

Y

Z

Autorinnen und Autoren

Christian Berg, Vegetationskundler, studierte an der Universität Rostock Ökologie und promovierte in Fach Vegetationskunde an der Martin-Luther-Universität Halle an der Saale. Habilitation im Fach Landschaftsökologie 2006. Von 1990 bis 2005 Abteilungsleiter für Naturschutz in der Umweltverwaltung des Landes Mecklenburg-Vorpommern. Seit 2007 Senior Scientist am Institut für Biologie der KFU und wissenschaftlicher Leiter des Botanischen Gartens Graz.

Andreas Berger arbeitet derzeit als Kurator der Gefäßpflanzensammlung des Herbariums des Naturhistorischen Museums Wien. Er unterrichtet verschiedene Lehrveranstaltungen zu Systematik und Pflanzendiversität am Department für Botanik und Biodiversitätsforschung der Universität Wien, wo er auch Botanik studiert hat. Seine Forschungsinteressen sind sammlungsbasierte Biodiversitätsforschung, die Geschichte der Botanik und die Taxonomie, Systematik und Ökologie der Familie der Kaffeegewächse (Rubiaceae).

Claudia Gröschel entdeckte ihre Leidenschaft für historische Gärten und Pflanzensammlungen während ihres Studiums der Kunstgeschichte und Germanistik. Seitdem ist sie in den Bereichen Gartengeschichte und Pflanzensammlungen tätig. Als freie wissenschaftliche Mitarbeiterin forscht sie zu vielfältigen Themen in den Österreichischen Bundesgärten, kuratiert Ausstellungen und betreut Bibliothek sowie Archiv.

Michael Kiehn studierte Biologie in Saarbrücken, Kaiserslautern und Wien. An der Universität Wien promovierte und habilitierte er sich mit dem Schwerpunkt Botanik. Neben umfangreichen Lehr- und Forschungstätigkeiten, u.a. zur Artentstehung im pazifischen Raum, zu Arten- und Naturschutz oder zu Biologiedidaktik, leitete er bis zu seinem Ruhestand 2024 den Botanischen Garten der Universität Wien.

Michael Knaack hat das Studium der Biologie zugunsten der Gärtnerlehre bei den Österreichischen Bundesgärten nach fünf Semestern aufgegeben. Er arbeitet seit 1992 im Alpengarten im Belvederegarten, wo er auch die Meisterausbildung absolvierte. Seit 2000 ist er als Abteilungsleiter für die Sammlung der Gebirgspflanzen, die Botanischen Sammlungen Belvedere und Augarten sowie für den Internationalen Samentausch verantwortlich.

Nils Köster ist Kustos für tropische und subtropische Lebendsammlungen am Botanischen Garten Berlin. Er studierte Biologie und Kunstgeschichte an der Universität Bonn und der Universidad Autónoma de Madrid. Für seine Promotion untersuchte er die Artenvielfalt von

Epiphyten in den Regenwäldern Ecuadors. Aktuell forscht Nils Köster zur Taxonomie und Evolution der attraktiven, artenreichen Gattung *Philodendron*.

H. Walter Lack ist Professor an der Freien Universität Berlin und war Direktor am Botanischen Garten und Botanischen Museum Berlin. Neben Lehr-, Forschungs- und Herausgebertätigkeit ist er Autor zahlreicher Bücher zur Geschichte der Botanik.

Oliver Rathkolb, Dr. iur., Dr. phil., Univ.-Prof. am Institut für Zeitgeschichte der Universität Wien und Herausgeber der Fachzeitschrift *Zeitgeschichte*. Gastprofessuren an der University of Chicago und der Harvard University. Zahlreiche Veröffentlichungen in vier Sprachen (mehrere Auszeichnungen wie Donauland Sachbuchpreis, und Bruno Kreisky Preis für das politische Buch). Zuletzt *The Paradoxical Republic. Austria 1945-2020* (Berghahn Books Oxford-New York 2021) sowie *Carl Orff und der Nationalsozialismus* (Schott Verlag Mainz 2022). Vorsitzender des wissenschaftlichen Beirats beim Haus der Europäischen Geschichte in Brüssel.

Stephanie Socher, Pflanzenökologin, studierte an der LMU München Biologie mit Schwerpunkt Systematische Botanik und promovierte an der Universität Bern. Nach Stationen in verschiedenen Fachinstituten ist sie seit 2014 Kuratorin des Botanischen Gartens der Paris Lodron Universität Salzburg. Neben Lehrtätigkeiten in Artenkunde forscht sie zu Themen über Schutz und Erhalt von Biodiversität.

Heimo Rainer studierte Botanik und Zoologie an der Universität Wien und ist derzeit Leiter der Botanischen Abteilung des Naturhistorischen Museums Wien, wo er auch als Kurator der Gefäßpflanzensammlung tätig ist. Neben dem Aufbau des Herbardatenbankkonsortiums JACQ (www.jacq.org) und zahlreichen nationalen und internationalen Projekten im Bereich der Sammlungsdigitalisierung und -vernetzung beschäftigt er sich mit der Taxonomie neotropischer Arten der Gattung *Annona* (Annonaceae).

David Stuart war von August 2012 bis Oktober 2016 Australiens Botschafter in Wien, Mitglied des Gouverneursrats der IAEO und Australiens Vertreter bei der OSZE. Während seiner 36-jährigen diplomatischen Laufbahn war er unter anderem bei den Vereinten Nationen in New York, Washington, Jakarta und Madrid tätig. Seit seinem Ausscheiden aus dem Staatsdienst forscht und schreibt er über die australische Kolonialgeschichte.

Clemens Alexander Wimmer arbeitet freiberuflich als Gartenhistoriker und Gartendenkmalpfleger. Er befasst sich außer mit kunsthistorischen Fragen mit bio- und bibliographischen Fragen sowie Fragen der Pflanzengeschichte, Pflanzenverwendung und der Gartentechnik. Er wirkt ehrenamtlich in der Deutschen Gartenbaubibliothek und hat jahrelang auch im Arbeitskreis Orangerien in Deutschland gewirkt.

Die Botanischen Sammlungen der Österreichischen Bundesgärten

An fünf Standorten pflegen 46 Gärtnerinnen und Gärtner an 365 Tagen im Jahr über 150.000 Einzelpflanzen in Töpfen. Die Sammlungen erstrecken sich auf etwa 24.500m² Glashausfläche und 125.000 m² Freilandfläche, auf welchen Pflanzen in mehr als 17.760 Arten und Sorten gedeihen.

Die elf Schwerpunkte der Sammlungen (Kulturgruppen) ergeben sich aus botanischer Einteilung (wie Familien bzw. Gattungen), morphologischen Anpassungsstrategien (wie zum Beispiel wasserspeichernde Organe, Tierfangmechanismen, o. ä.) oder geographischer Verbreitung (beispielsweise Südafrika, Australien) und unterteilen sich insgesamt in folgende 23 Spezialsammlungen: Alpine, Bonsai, Palmengewächse, Rhododendron und Kamelien, Arboretum, mediterrane Orangeriepflanzen, Zitrus, Kap-Pflanzen, Eriken, Pelargonien, Neuholländer, Orchideen, afrikanische Sukkulente, Kakteen, tropische Warmhauspflanzen, Blattbegonien, Bromelien und Tillandsien, Palmfarne, Karnivoren, Maulbeerbäume, Farne, Palmen und Wildobst.

Als nachgeordnete Dienststelle der Republik Österreich sind die Aufgaben des Institutes Botanische Sammlungen die Pflege, Erhaltung und Entwicklung der Pflanzensammlungen an den Standorten: Botanische Sammlungen Hofgarten Innsbruck, Botanische Sammlungen Innenstadt im Belvedere und Augarten, Botanische Sammlungen im Reservegarten inklusive Orangerie, Feldgarten und Arboretum sowie Botanischer Garten im Schlosspark Schönbrunn.

Unter Mitwirkung und in Abstimmung mit einem breit besetzten Beirat erfolgt die Erfüllung der Kernaufgaben, insbesondere im Hinblick auf die historische Bedeutung, den Artenschutz und die Erhaltung bedrohter Pflanzenarten und -sorten entsprechend dem regelmäßig evaluierten Leitbild.

Wichtig in der Umsetzung sind die Dokumentation, Bestimmung und wissenschaftliche Bearbeitung der Pflanzenbestände, die öffentliche Präsentation in den Pflanzenschauhäusern und Gärten sowie bei Fachausstellungen und Kooperationen. Das Institut Botanische Sammlungen der Österreichischen Bundesgärten umfasst darüber hinaus das Gärtner*innenarchiv. Dieses beinhaltet die historische Bibliothek, die Plansammlung sowie das allgemeine Archiv (wie zum Beispiel das Bildarchiv, die Sammlung historischer Werkzeuge, Handschriften und Nachlässe). Die fachgerechte Betreuung und Weiterentwicklung der dazugehörigen Archivbestände ist Grundlage für die interne und externe wissenschaftliche Arbeit sowie die Nutzung durch die Gärtner*innnen.

Der fachliche Austausch und die Weiterbildung der Mitarbeiter*innen zur Vernetzung und Weiterentwicklung werden durch Mitgliedschaft und aktive

Mitwirkung bei nationalen und internationalen Verbänden und Interessensgemeinschaften gewährleistet.

Durch das Team der Botanischen Sammlungen wird zusätzlich zu den Pflanzensammlungen jedes Jahr die Produktion des internen Saisonpflanzenbedarfes des Institutes Historische Gärten sowie der Schauhäuser mit über 380.000 Pflanzen sichergestellt.

In vielen Bereichen gehören die Pflanzensammlungen bis heute aufgrund der Vielfalt und des Pflegezustandes zu den bedeutendsten in Europa. Darüber hinaus werden Arten und Sorten seit mehreren Jahrhunderten durchgehend in den Sammlungen kultiviert, welche zwischenzeitlich am Naturstandort ausgestorben oder beinahe verschwunden sind.

Die Botanischen Sammlungen sind aktive Partnerin im Netzwerk des internationalen Samentausches und dem Tausch von Pflanzen mit wissenschaftlichen Institutionen. Für die Zukunft ist eine weitere Intensivierung wissenschaftlicher Kooperationen geplant sowie die Einrichtung einer Unterbringungsstelle und Sicherungsstation für lebende Pflanzen, die gemäß Artenhandelsgesetz beschlagnahmt worden sind.

Die einzige Botanische Sammlung der Republik Österreich erhält und entwickelt die ehemalige „Grüne Schatzkammer" des österreichischen Kaiserhauses, sie dient Forschungszwecken sowie der Erfüllung der Biodiversitätsstrategie und internationaler Artenschutzabkommen. Das gärtnerische Fachwissen wird seit Generationen weitergegeben und die Aus- und Weiterbildung ist eine zentrale Aufgabe. Ebenso werden die Geschichte und Hintergründe der Entwicklung der Pflanzensammlungen wissenschaftlich aufgearbeitet. Dabei werden gezielt Ursprungsländer einbezogen oder diesen die Forschungsergebnisse zur Verfügung gestellt. Idealerweise entstehen dadurch starke Kooperationen und Partnerschaften.

Bildnachweis

Abb. 1 Ludwig Baumann: Entwürfe für die Stützmauer vor dem Glashaus im Hofburggarten, um 1902, Haus-, Hof- und Staatsarchiv, Wien

Abb. 2 Kaiser Maximilian II., um 1566, Werkstatt Nicolas Neufchâtel, KHM-Museumsverband, Wien

Abb. 3 Tizian: Jacopo Strada, um 1567/68, KHM-Museumsverband, Wien

Abb. 4 Peter Paul Rubens und Jan Brueghel d. Ä.: Der Sehsinn, 1617, Museo Nacional del Prado, Madrid

Abb. 5 Matthäus Merian: Schloss Neugebäude, 1649, Österreichische Nationalbibliothek, Wien

Abb. 6 Gehörnte Bitterorange (Bigarrade cornu) – *Citrus × aurantium* 'Corniculata', aus: Duhamel du Monceau: Traité des Arbres Fruitiers, Paris 1835, Österreichische Bundesgärten, Wien

Abb. 7 Bergamotte (*Citrus × bergamia*), aus: Henry Charles Andrews: The Botanist's Repository, Bd. 9, London 1809, Österreichische Bundesgärten, Wien

Abb. 8 Pampelmuse (Pempelmeuse ordinaire) – *Citrus maxima*, aus: Duhamel du Monceau: Traité des Arbres Fruitiers, Paris 1835, Österreichische Bundesgärten, Wien

Abb. 9 Johann Georg Hätzl: Die Kays. Orangerie in Schönbrunn, um 1712/20, Albertina, Wien

Abb. 10 Orangerieparterre und Orangeriegebäude, um 1820, Foto: Wien Museum

Abb. 11 Plan des Schlossgartens Schönbrunn, um 1770, Bayerische Verwaltung der staatlichen Schlösser, Gärten und Seen, München

Abb. 12 Orangeriegebäude, Cedrathaus und Orangerieparterre mit Beeten sowie die Aufstellung der Orangeriepflanzen vor der Kleinen Orangerie, Ausschnitt aus Abb. 11

Abb. 13 Giuseppe Arcimboldo: Der Winter, 1563, KHM-Museumsverband, Wien

Abb. 14 Titelblatt von Pietro Andrea Mattioli: Kreuterbuch, Frankfurt 1586, Österreichische Nationalbibliothek, Wien

Abb. 15 Anselmus Boëtius de Boodt, Tulpen, um 1596/1610, Rijksmuseum, Amsterdam

Abb. 16 David Tenier: Vertumnus und Pomona, um 1638, KHM-Museumsverband, Wien

Abb. 17 Peter Paul Rubens und Jan Brueghel d. Ä.: Der Geruch, 1617/18, Museo Nacional del Prado, Madrid

Abb. 18 Jacob van Schuppen: Prinz Eugen von Savoyen, 1718, Rijksmuseum, Amsterdam

Abb. 19 Salomon Kleiner: Abschlagbares Pomeranzenhaus im Kammergarten des Prinzen Eugen am Rennweg, 1737, Bibliothek des Belvedere, Wien

Abb. 20 Das zum Orangeriegebäude umgebaute abschlagbare Pomeranzenhaus, Foto Gianmaria Gava

Abb. 21 Das Untere Belvedere war ursprünglich als Orangeriegebäude errichtet, Foto Gianmaria Gava

Abb. 22 Salomon Kleiner: Prospekt des großen Glashauses, 1738, Bibliothek des Belvedere, Wien

Abb. 23 *Musa × paradisiaca* (syn.: *Musa maculata*) – Dessertbanane, aus: N. J. Jacquin: Hortus Schoenbrunnensis, Wien 1797–1804, Österreichische Bundesgärten, Wien

Abb. 24 Salomon Kleiner: Löwe und Wisentpaar, 1734, Foto: Belvedere Wien

Abb. 25 *Aloe variegata*, aus: Georg Wolfgang Knorr: Regnum Florae, Nürnberg 1750, Deutsche Gartenbaubibliothek / Universitätsbibliothek TU Berlin

Abb. 26 *Hibiscus syriacus* 'Alba', aus: Georg Wolfgang Knorr: Regnum Florae, Nürnberg 1750, Deutsche Gartenbaubibliothek / Universitätsbibliothek TU Berlin

Abb. 27 *Opuntia ficus-indica*, aus: Georg Wolfgang Knorr: Regnum Florae, Nürnberg 1750, Deutsche Gartenbaubibliothek / Universitätsbibliothek TU Berlin

Abb. 28 *Passiflora incarnata*, aus: Georg Wolfgang Knorr: Regnum Florae, Nürnberg 1750, Deutsche Gartenbaubibliothek / Universitätsbibliothek TU Berlin

Abb. 29 *Pelargonium inquinans*, aus: Georg Wolfgang Knorr: Regnum Florae, Nürnberg 1750, Deutsche Gartenbaubibliothek / Universitätsbibliothek TU Berlin

Abb. 30 *Orbea variegata*, aus: Georg Wolfgang Knorr: Regnum Florae, Nürnberg 1750, Deutsche Gartenbaubibliothek / Universitätsbibliothek TU Berlin

Abb. 31 Kaiser Franz I. Stephan, posthum, um 1775, KHM-Museumsverband, Wien

Abb. 32 Patuzzi: Adrian van Steckhoven, um 1780, Foto: Gianmaria Gava / Österreichische Bundesgärten, Wien

Abb. 33 Holländischer Garten Schönbrunn, um 1753, Albertina, Wien

Abb. 34 Zuckerhut-Ananas, aus: Johann Abercrombie: Der Treibhausgärtner, Wien 1792, Österreichische Gartenbau-Gesellschaft, Wien

Abb. 35 Albert Eckhout (zugeschrieben): Markt in der niederländischen Handelsniederlassung in Batavia (heute Jakarta), um 1640/66, Rijksmuseum, Amsterdam

Abb. 36 Porträt einer Ananas aus der Orangerie der Königin Ulrika Eleonora von Schweden in Ulriksdal, David von Cöln, um 1729, Nationalmuseum, Stockholm

Abb. 37 Ananaskultivierung in Lohbeeten und mit einer Warmwasserheizung, aus: Neumann, 1852, Österreichische Bundesgärten, Wien

Abb. 38 Ananasernte in Schönbrunn im November 1829, aus: Franz Bredemayers Obstbüchel, Österreichische Bundesgärten, Wien

Abb. 39 Carl August Sckell: Ananashaus in Schönbrunn, 1848, Bayerische Verwaltung der staatlichen Schlösser, Gärten und Seen, München

Abb. 40 Orangeriegebäude und Cedrathaus, Foto: Claudia Gröschel

Abb. 41 1869/70 wurden die alten hölzernen durch neue eiserne Fenster und Türen ersetzt, nach 1870, Österreichische Bundesgärten, Wien

Abb. 42 Liste von im Holländischen Garten kultivierten Tulpenzwiebeln, um 1759, Notizbuch des Ryk van der Schot, Foto: Gianmaria Gava / Österreichische Bundesgärten, Wien

Abb. 43 Johann Christian Brand: Das Denkmal Kaiser Franz Stephans I. und die *Livistona chinensis* im Holländischen Garten, 1775, Albertina, Wien

Abb. 44 Glashaus, Hofgärtnerhaus und Steckhoven'sches Glashaus im Holländischen Garten, aus: Alexandre De Laborde: Voyage pittoresque en Autriche, Paris 1821, Österreichische Nationalbibliothek, Wien

Abb. 45 *Heliconia humilis* brachte Jacquin von der ersten Forschungsexpedition in die Karibik nach Schönbrunn, aus: N. J. Jacquin: Hortus Schoenbrunnensis, Wien 1797–1804, Österreichische Bundesgärten, Wien

Abb. 46 Nikolaus Joseph Jacquin, Radierung von Jakob Adam nach einem Gemälde von Josef Keutzinger, 1784, Österreichische Nationalbibliothek, Wien

Abb. 47 Karte von Westindien aus der alten Hofgärtnerbibliothek, um 1750, Foto: Gianmaria Gava / Österreichische Bundesgärten, Wien

Abb. 48 Nikolaus Joseph von Jacquin, um 1806, unbekannter Maler, Universität Wien, Historische Sammlung des Departments für Botanik und Biodiversitätsforschung

Abb. 49 Johann Knapp: Huldigung an Jacquin, 1821/22, Foto: Johannes Stoll / Belvedere, Wien

Abb. 50 Der Holländische Garten mit den Glashäusern und der südlich anschließenden Menagerie, um 1753, Albertina, Wien

Abb. 51 Jan Brandes: An Deck eines Schiffes der Niederländischen Ostindischen Compagnie, um 1785, Rijksmuseum, Amsterdam

Abb. 52 Robert Jacob Gordon: *Nerine humilis*, um 1777/86, Rijksmuseum, Amsterdam

Abb. 53 *Pelargonium denticulatum*, aus: N. J. Jacquin: Hortus Schoenbrunnensis, Wien 1797–1804, Österreichische Bundesgärten, Wien

Abb. 54 *Pelargonium ovale* (syn. *Pelargonium blattarium*), aus: N. J. Jacquin: Hortus Schoenbrunnensis, 1797–1804, Österreichische Bundesgärten, Wien

Abb. 55 *Pelargonium paternum*, aus: L. Trattinnick: Neue Arten von Pelargonien deutschen Ursprungs, Wien 1825–1843, Privatsammlung

Abb. 56 *Pelargonium distentifolium*, um 1825, Foto: Gianmaria Gava / Österreichische Bundesgärten, Wien

Abb. 57 Blüten von *Ixia*, aus: N. J. Jacquin: Hortus Schoenbrunnensis, 1797–1804, Österreichische Bundesgärten, Wien

Abb. 58 *Arctotis pannucea*, aus: N. J. Jacquin: Hortus Schoenbrunnensis, 1797–1804, Österreichische Bundesgärten, Wien

Abb. 59 Nicolas-Martin Petit: Porträt des Kommandanten Nicolas Baudin, um 1802, Mitchell Library, State Library of New South Wales

Abb. 60 (und Umschlags-Rückseite) Im Caphaus, aus: Alexandre de Laborde: Voyage pittoresque en Autriche, Paris 1821, Österreichische Nationalbibliothek, Wien

Abb. 61 *Philodendron pinnatifidum* brachte Franz Bredemayer 1789 aus der Provinz Caracas, Venezuela, nach Schönbrunn, aus: N. J. Jacquin: Hortus Schoenbrunnensis, 1797–1804, Österreichische Bundesgärten, Wien

Abb. 62 *Ravenala madagascariensis* (Baum der Reisenden) brachte Franz Boos 1788 aus dem Königlichen Botanischen Garten auf Mauritius nach Schönbrunn, aus: N. J. Jacquin: Hortus Schoenbrunnensis, 1797–1804, Österreichische Bundesgärten, Wien

Abb. 63 Joseph Boos: Schönbrunn's Flora, Wien 1816, Österreichische Bundesgärten, Wien

Abb. 64 *Crinum variabile* (Jacq.) Herb. Kolorierter Kupferstich nach J. Scharf, aus: N. J. Jacquin: Hortus Schoenbrunnensis, 1797–1804, Österreichische Bundesgärten, Wien

Abb. 65 *Phaius tankervilleae* (Banks) Blume. Wasserfarbenmalerei von J. Jebmeyer, undatiert, Österreichische Nationalbibliothek, Wien

Abb. 66 *Kalanchoe pinnata* (Lam.) Pers. Wasserfarbenmalerei von J. Knapp, um 1820, aus: F. Bredemayer, J. Knapp: Icones plantarum rariorum horti archiducis Austriae Antonii, Österreichische Nationalbibliothek, Wien

Abb. 67 *Philodendron lindenii* Schott. Teilkolorierte Graphitstiftzeichnung, undatiert, Naturhistorisches Museum, Wien

Abb. 68 *Adenocalymma imperatoris-maximilianii* (Wawra) L. G. Lohmann. Lithographie nach J. Seboth, aus: H. Wawra: Botanische Ergebnisse der Reise seiner Majestät des Kaisers von Mexico Maximilian I. nach Brasilien (1859–60), Wien 1866, Österreichische Bundesgärten, Wien

Abb. 69 *Syngonium podophyllum* Schott. Farblithographie nach W. Liepoldt, aus: J. J. Peyritsch: Aroideae Maximilianae, Wien 1879, Österreichische Gartenbau-Gesellschaft, Wien

Abb. 70 *Vriesea wawrana* Antoine. Teilkolorierte Lithographie von F. Antoine nach eigener Arbeit, aus: F. Antoine: Phyto-Iconographie der Bromeliaceen des kaiserlich königlichen Hofburg-Gartens in Wien, Wien 1884, Österreichische Nationalbibliothek, Wien

Abb. 71 Johann Fischer von Erlach: Erstes Projekt für Schönbrunn, Stecher Johann Delsenbach, 1712, Foto: Wien Museum

Abb. 72 Johann Fischer von Erlach: Prospekt des neuen Gebäudes und Gartens von Schönbrunn, Stecher Johann Delsenbach, 1712, Foto: Wien Museum

Abb. 73 Präsentationsplan Schlossgarten Schönbrunn, um 1750, Österreichische Bundesgärten, Wien

Abb. 74 Johann Hieronymus Löschenkohl: Das Fest in der Orangerie zu Schönbrunn, 7. Februar 1786, Universität Wien

Abb. 75 Ausschnitt aus Abb. 74

Abb. 76 Natale Schiavoni: Erzherzogin Maria Leopoldine, um 1817, Österreichische Nationalbibliothek, Wien

Abb. 77 Joseph Nikolaus Lang: Münze auf die Heirat Leopoldine von Habsburg und die Reise nach Brasilien, 1817, Wien Museum

Abb. 78 Giovanni Pessi: Abfahrt der k. k. österreichischen Fregatten Austria und Augusta von Triest nach Brasilien am 9. April 1817, Österreichische Nationalbibliothek, Wien

Abb. 79 Thomas Ender: Verdeck der k. k. Fregatte Austria unter Segel gezeichnet, 1817, Akademie der bildenden Künste, Wien

Abb. 80 Franz Antoine: Der Wintergarten in der k. k. Hofburg zu Wien, Wien 1852, Österreichische Bundesgärten, Wien

Abb. 81 Das Palmenhaus S. M. des Kaisers am Rennweg, 1830, Österreichische Nationalbibliothek, Wien

Abb. 82 Äquinoktialhaus im Holländischen Garten, aus: Alexandre De Laborde: Voyage pittoresque en Autriche, Paris 1821, Österreichische Nationalbibliothek, Wien

Abb. 83 Bepflanzungsplan des Mittelpavillons des Alten Palmenhauses, um 1889, Österreichische Bundesgärten, Wien

Abb. 84 F. Mathausch: Plan des k. k. Hof Pflanzen Gartens in Schönbrunn, 1845, Österreichische Bundesgärten, Wien

Abb. 85 Johann Oberer: *Dieffenbachia seguine* (Schweigohr), o. D., aus der Sammlung Heinrich Wilhelm Schotts, Naturhistorisches Museum, Wien

Abb. 86 *Aglaonema*, aus: Nach der Arbeit, um 1935, Österreichische Gartenbau-Gesellschaft, Wien

Abb. 87 „Harmonie in Grün-Weiß" – Panaschierte Formen von *Monstera* und *Aglaonema* in Hydrokultur, aus: Vocke 1989, Österreichische Gartenbau-Gesellschaft, Wien

Abb. 88 Bestandsplan des Holländischen Gartens, 1827, Österreichische Bundesgärten, Wien

Abb. 89 Projektplan zur landschaftlichen Umgestaltung des Holländischen Gartens, 1827, Österreichische Bundesgärten, Wien

Abb. 90 Detail des Botanischen Gartens mit eingezeichneten Sichtachsen, um 1845, Österreichische Bundesgärten, Wien

Abb. 91 Die kaiserliche Familie auf dem Dachgarten beim Augustinertrakt, um 1796, Wien Museum

Abb. 92 Franz Antoine: Der Wintergarten in der k. k. Hofburg zu Wien, Wien 1852, Österreichische Bundesgärten, Wien

Abb. 93 Vinzenz Dini: Situationsplan des Tirolergartens vor der Erweiterung nach Süden, 1803, Albertina, Wien

Abb. 94 Vinzenz Dini: Situationsplan des Erzherzog Anton-Gartens vor der Verlegung, 1803, Albertina, Wien

Abb. 95 *Tridentea gemmiflora* (syn.: *Stapelia reclinata*), aus: Bredemayer, Knapp: Icones

Plantarum Rariorum Horti Archiducis Austriae Antonii, Ms. Wien um 1830, Österreichische Nationalbibliothek, Wien

Abb. 96 *Gomesa imperatoris-maximiliani* (syn.: *Oncidium imperatoris*), aus: Wawra: Botanische Ergebnisse der Reise seiner Majestät des Kaisers von Mexico Maximilian I. nach Brasilien (1859–60), Wien 1866, Österreichische Bundesgärten, Wien

Abb. 97 *Xanthosoma maximilianii*, aus: J. J. Peyritsch: Aroideae Maximilianae, Wien 1879, Österreichische Gartenbau-Gesellschaft, Wien

Abb. 98 Der 1781 gepflanzte *Ginkgo biloba* im Schlosspark Schönbrunn, Foto: Gianmaria Gava

Abb. 99 Robert Gordon: *Disa uniflora*, 1777/86, Rijksmuseum, Amsterdam

Abb. 100 B. D. Mauchart: Schönbrunns botanischer Reichtum, 1805, Österreichische Bundesgärten, Wien

Abb. 101 Das Große Palmenhaus im Schlosspark Schönbrunn, Präsentationskatalog der Firma Ignaz Gridl, um 1890, Österreichische Gartenbau-Gesellschaft, Wien

Abb. 102 Darstellung der ersten Pflanzenausstellung in Wien, 1827, Österreichische Gartenbau-Gesellschaft, Wien

Abb. 103 Franz Segenschmid: Ansicht und Grundriss Palmenhaus, 1878, Österreichische Bundesgärten, Wien

Abb. 104 Franz Segenschmid: Entwurf Großes Palmenhaus Schönbrunn, 1879, Österreichische Bundesgärten, Wien

Abb. 105 Schnitt durch den Mittelpavillon des Großen Palmenhauses, um 1879, Österreichische Bundesgärten, Wien

Abb. 106 Projektplan zum Bau des Palmenhauses, um 1880, Österreichische Bundesgärten, Wien

Abb. 107 Plan für die Bepflanzung des Großen Palmenhauses, um 1882, Österreichische Bundesgärten, Wien

Abb. 108 Blick in das Kalthaus mit *Araucaria columnaris*, Präsentationskatalog der Firma Ignaz Gridl, um 1890, Österreichische Gartenbau-Gesellschaft, Wien

Abb. 109 Großes Palmenhaus und der neugestaltete Palmenhausgarten, um 1900, Österreichische Bundesgärten, Wien

Abb. 110 Glashäuser im alten Reservegarten, um 1920, Österreichische Bundesgärten, Wien

Abb. 111 Die zerstörte Verglasung des Großen Palmenhauses, 1945, Österreichische Bundesgärten, Wien

Abb. 112 *Begonia rex* aus den k. k. Hofgärten, aus: Endlicher's Paradisus Vindobonensis, 2 Bde., Wien 1844-1860, Österreichische Bundesgärten, Wien

Abb. 113 *Cattleya labiata*, aus: Curtis's Botanical Magazine, 1843, Österreichische Bundesgärten, Wien

Abb. 114 Die Eröffnung des Alpengartens auf der Rax, 1903, Österreichische Bundesgärten, Wien

Abb. 115 Anton Umlauft, 1908, Österreichische Gartenbau-Gesellschaft, Wien

Abb. 116 „Encephalartos ghellinckii – Südafrika, wenn nicht schon ausgestorben", aus: Sammelanweisung für die Hofgärtner, 1902, Österreichische Bundesgärten, Wien

Abb. 117 Die Botanische Sammlung des Naturhistorischen Museums Wien beherbergt rund 5,5 Millionen konservierte Pflanzen, Pilze, Flechten, diverse Gruppen von Bakterien und anderen Organismen aus der ganzen Welt, Foto: Christina Rittmannsperger / Naturhistorisches Museum, Wien

Abb. 118 Herbarbeleg von *Anthurium malyi* Ferd. Maxim. ex Schott (jetzt *Anthurium radicans* K. Koch & Haage) aus dem Herbarium von H. W. Schott, Naturhistorisches Museum, Wien

Abb. 119 Originalzeichnung von *Anthurium malyi* Ferd. Maxim. ex Schott zu H. W. Schotts Prachtwerk *Aroideae Maximilianae*. Die Zeichnung ist Teil der Serie „Icones Aroideae", die unter der Leitung von H. W. Schott entstand und weitgehend unveröffentlicht ist, Naturhistorisches Museum, Wien

Abb. 120 *Anthurium malyi*, aus: J. J. Peyritsch: Aroideae Maximilianae, Wien 1879, Österreichische Gartenbau-Gesellschaft, Wien

Abb. 121 Anton Hefka im Orchideensämlingshaus im Reservegarten Schönbrunn, 1901, Österreichische Bundesgärten, Wien

Abb. 122 Versteigerung Schönbrunner Orchideen-Neuzüchtungen im Dorotheum, 1907, Österreichische Bundesgärten, Wien

Abb. 123 Wilhelm Gause: Hofball in Wien, 1900, Wien Museum

Abb. 124 Pflanzendekoration im Schloss Schönbrunn anlässlich des Besuches des spanischen Königs, 1905, Österreichische Bundesgärten, Wien

Abb. 125 Zweig mit Blüten und Blättern der *Fockea capensis* (syn.: *Cynanchum crispum*) aus der kaiserlichen Pflanzensammlung, aus: Mathias Schmutzer: Florilegium A, 1805, Österreichische Nationalbibliothek, Wien

Abb. 126 Caudex der *Fockea capensis* (syn.: *Cynanchum crispum*) aus der kaiserlichen Pflanzensammlung, aus: Mathias Schmutzer: Florilegium A, 1805, Österreichische Nationalbibliothek, Wien

Abb. 127 Die Schönbrunner *Fockea capensis*, um 1910, Österreichische Bundesgärten, Wien

Abb. 128 Die Schönbrunner *Fockea capensis*, 2024, Foto: Gianmaria Gava

Abb. 129 Richard Hauffe: Bewachung Schönbrunns durch die Volkswehr, 1918, Wien Museum

Abb. 130 Friedrich Leo Rottenberger, um 1930, Österreichische Bundesgärten, Wien

Abb. 131 Anton Umlauft: Entwurf für die Neugestaltung des Schönbrunner Parterres, 1903, Österreichische Bundesgärten, Wien

Abb. 132 Das Schönbrunner Parterre, um 1907, Österreichische Bundesgärten, Wien

Abb. 133 Die Glashausanlage im Augarten, um 1900, aus: Firmenkatalog der Firma Ignaz Gridl, Österreichische Gartenbau-Gesellschaft, Wien

Abb. 134 Das Palmenhaus im Augarten, um 1910, Österreichische Bundesgärten, Wien

Abb. 135 Kakteenausstellung im Palmenhaus im Burggarten, um 1935, Österreichische Bundesgärten, Wien

Abb. 136 Johann Baptista Pictorio: Der im Blumen= Küchen= Artzney= und Baum=Garten gründlich informirte Gärtner [...], Nürnberg 1714, Foto: Gianmaria Gava / Österreichische Bundesgärten, Wien

Abb. 137 Carl von Linné: Systema Naturae, Leipzig 1748, Foto: Gianmaria Gava / Österreichische Bundesgärten, Wien

Abb. 138 Nicolaus Joseph von Jacquin: Plantarum Rariorum Horti Schoenbrunnesis descriptiones et icones, 4 Bde., Wien 1797–1804 Foto: Gianmaria Gava / Österreichische Bundesgärten, Wien

Abb. 139 *Citrus nobilis* (Echte Mandarine), aus: The Botanist's Repository, 1810, Foto: Gianmaria Gava / Österreichische Bundesgärten, Wien

Abb. 140 Aufmarsch der Betriebsgemeinschaft der Staatsgärten, 1939, Österreichische Bundesgärten, Wien

Abb. 141 Orangeriegebäude mit Mistbeetkästen im Schlosspark Schönbrunn, um 1970, Österreichische Bundesgärten, Wien

Abb. 142 Der Ward'sche Kasten des Instituts für Biologie der Universität Graz wurde 1892 von Gottlieb Haberlandt aus dem Botanischen Garten Buitenzorg (heute Bogor) auf der Insel Java mitgebracht, Foto Franz Stangl

Abb. 143 Entwurf eines Glashauses mit einem runden Victoria-Haus für den Botanischen Garten Graz aus dem Jahre 1883.

Errichtet wurde dann 1888/89 eine deutlich einfachere Version ohne Victoria-Haus, Universitätsarchiv Graz

Abb. 144 Die in Österreich stark gefährdete Sumpf-Siegwurz (*Gladiolus palustris*) wird im Botanischen Garten Salzburg für Artenschutzprojekte kultiviert, Foto Stephanie Socher

Abb. 145 Azaleenausstellung im Kalthaus des Großen Palmenhauses, um 1915, Österreichische Bundesgärten, Wien

Abb. 146 Blick von der unteren Galerie in die Kuppel des Palmenhauses, vor 1919, Österreichische Bundesgärten, Wien

Abb. 147 Blick in den Mittelpavillon des Großen Palmenhauses, um 1915, Österreichische Bundesgärten, Wien

Abb. 148 *Grevillea banksii*, Foto: Michael Knaack

Abb. 149 *Banksia ericifolia*, Foto: Michael Knaack

Abb. 150 *Xanthorrhoea preissii*, Foto: Michael Knaack

Abb. 151 *Lomatia silaifolia*, Foto: Michael Knaack

Abb. 152 Im Botanischen Garten in Kirstenbosch, Südafrika, wurden Exemplare von *Erica verticillata* aus der Botanischen Sammlung im Belvedere erfolgreich ausgewildert, Foto: Anthony Hitchcock

Abb. 153 Das Palmenhaus im Hofgarten in Innsbruck, Foto: Helmut Wahler

Abb. 154 Das Bärental in den Karawanken ist einer der Standorte, an dem die Österreichischen Bundesgärten Samen für den Internationalen Samentausch sammeln, Foto: Michael Knaack

Abb. 155 Die gesammelten Samen werden im Alpengarten im Belvedere sortiert und bestimmt, gereinigt und getrocknet bevor sie zum Versand verpackt werden, Foto: Gianmaria Gava

Abb. 156 Samen von *Ornithogalum pannonicum*, *Bergenia crassifolia* und *Saxifraga* sp., Foto: Gianmaria Gava

Abb. 157 Etwa 350.000 Pflanzen werden jedes Jahr für die Wechselbepflanzung der Beete in den Parkanlagen der Österreichischen Bundesgärten produziert, Foto: Isabella Kanka

Liebe Leser*innen,
bleiben wir in Verbindung! Wir freuen uns auf Ihre Anregungen, Kritik und Wünsche.
leserbrief@brandstaetterverlag.com

Christian Brandstätter Verlag GmbH & Co KG
Wickenburggasse 26, 1080 Wien
Tel: +43 1 512154320

Viele weitere Leseinspirationen und Geschenkideen finden Sie unter **www.brandstaetterverlag.com**

Impressum
1. Auflage, 2024

ISBN: 978-3-7106-0848-3

Grafische Gestaltung: Capitale Design Studio
Coverfoto: Gianmaria Gava
Lektorat: Matthias Michel
Projektleitung: Maren Wetcke

Papier: Magno Volume 135 g, 1,1fach Vol.
(PEFC-zertifiziert)
Druck: Graspo, Zlín (Tschechische Republik)

Herausgegeben von HBLFA für Gartenbau und Österreichische Bundesgärten

HBLFA für Gartenbau und Österreichische Bundesgärten

Wir tragen Verantwortung
Aus diesem Grund haben wir uns auf den Weg gemacht, um unseren Einfluss auf das Klima und auf den Planeten zu minimieren. Anstelle von Kompensationszahlungen, und über die üblichen Umweltlabel hinausgehend, haben wir uns das Ziel gesteckt, den CO_2-Ausstoß auf allen Ebenen signifikant zu verringern – entlang der gesamten Wertschöpfungskette von der Idee bis zum Buch in Ihren Händen. Mehr Informationen finden Sie unter www.brandstaetterverlag.com/nachhaltigkeit